４　やさしい化学30講 シリーズ

赤外分光30講

山崎 昶 ［著］

朝倉書店

はじめに

　もう今から半世紀ほど前になりますが，「この頃の若手の有機化学者はみんな実験が下手になった」と嘆かれる老先生方の声をしばしば耳にしたものです．これは別にわが国だけに限られた現象ではありませんでした．この老先生方が慨嘆された原因は，やはり機器分析装置の普及で，赤外吸収スペクトル（IR），プロトン核磁気共鳴（NMR, PMR とも），質量分析法（MS），および各種のクロマトグラフィー手法などが，普通の有機化学の研究室に普及しはじめたころの話です．それ以前は古典的な有機化学の実験手法（精密蒸留や選択的抽出，誘導体の晶出分離など）を駆使して，複雑な混合物から目的とする成分だけを単離し，結晶化などで純品を得て，これを対象としていろいろな新しい反応を試みたり，諸物性値などを測定したり，多種多様な誘導体を合成したりするのが有機化学の常道でありました．

　そのころだと，このような機器分析の装置はまだ物理化学者の商売道具であり，保守，維持にひとかたならぬ手間と時間を必要とするので，普通の有機化学のサンプルを「ちょっと試しにはかってみる」なんて芸当はできなかったのです．大体，赤外線の分光用の結晶（プリズム）は，主なものはまだ岩塩製であり，潮解性があるので，湿度の高いわが国で，しかももっと条件の悪い有機合成化学の研究室などでは設置できる場所などほとんどありませんでした．

　その後機器の大幅な改良とコンパクト化などにより，専門分野を問わず広い範囲の研究室にこれらの機器が行き渡るようになったのですが，時勢とともに今度は事情が逆となり，簡単な物理化学の下地もなしで，いきなり最先端の機器を使用する面々が増加してきて，せっかくの高価な装置から得られた価値ある情報を十二分に活用できなくなっているという，前とは違った意味の老先生方の嘆きも聞かれるようになってしまいました．

　ここでは，この便利な機器測定法のひとつである赤外分光法（IR）についてまとめてみようと思います．通常の入門書は，有機化学の実験書的な取り上げ方の

ものがほとんどなのですが，赤外線自体はもっと広い波長範囲の電磁波ですし，いろいろと興味ある関連の応用分野にも事欠きません．昔風の定義を採用される大権威の中には，昨今話題の「テラヘルツ分光」だって，測定機器が新しくなっただけで，実質はいままで測りにくかったから等閑に付されていた「超遠赤外線」分光そのものじゃあないか，と主張される向きもあります．

ですから，有機化学で繁用されるいわゆる「中赤外線」領域のほか，もっと波長の短い「近赤外線」や波長の長い「遠赤外線」，および「テラヘルツ波分光」についても簡単にふれることにします．必ずしも「吸収スペクトル」には限定せず，関連性の大きいと思われるものも（それほど詳細にはできませんが）言及することとしました．

なお，機器の開発・発展に伴って，必ずしも「分光法」とはいえそうもない測定法や測定対象も増えてきました．LED 利用の単色光源を利用した医療診断機器や家電製品のリモートコントローラーなどは，もともと特定の波長の赤外光線だけを発生・利用するように工夫されていますので，厳密な意味では「分光（spectroscopy）」のうちには入らないのですが，関連性が大きいので本書でも身近な例として取り上げることにしました．そういう意味では本書のタイトルと中身に多少の不一致が生じてしまったのですが，読者諸兄姉のご寛恕のほどを願い上げたく存じます．

2016 年 2 月

山崎　昶

目　　次

第 1 講　赤外線の分類 …………………………………… 1
　　　　Tea Time：ハーシェルの実験　5
第 2 講　スペクトルの記載に用いられる単位 …………… 6
　　　　Tea Time：クラークの三法則　9
第 3 講　赤外線分光・測定用の装置　その 1 ………… 10
　　　　Tea Time：赤外顕微鏡　14
第 4 講　赤外線分光・測定用の装置　その 2 ………… 15
　　　　Tea Time：マイケルソンと干渉計　18
第 5 講　赤外線分光・測定用の装置　その 3 ………… 20
　　　　Tea Time：ボロメータの歴史　22
第 6 講　赤外吸収スペクトル測定の手順　その 1 …… 23
　　　　Tea Time：熱素（calorique）　28
第 7 講　赤外吸収スペクトル測定の手順　その 2 …… 30
　　　　Tea Time：「ヌジョール」の由来　33
第 8 講　赤外吸収スペクトルからわかること　その 1 … 35
　　　　Tea Time：コブレンツ伝　38
第 9 講　赤外吸収スペクトルからわかること　その 2 … 40
　　　　Tea Time：フーリエ　45
第 10 講　波数領域ごとの吸収帯の分類　その 1 ……… 46
　　　　Tea Time：三水素陽イオン　48
第 11 講　波数領域ごとの吸収帯の分類　その 2 ……… 51
　　　　Tea Time：フーリエ解析とラジオ放送　53
第 12 講　波数領域ごとの吸収帯の分類　その 3 ……… 54
　　　　Tea Time：金星の雲の成分　58
第 13 講　類縁化合物のスペクトルの例 ………………… 59

目　次

　　　　　　　Tea Time：司法化学（裁判科学）と赤外吸収スペクトル　60
第14講　反応段階の追跡とスペクトルの変化　その1 …………………………………………… 62
　　　　　　　Tea Time：カプロラクタムの現在の製造法　63
第15講　反応段階の追跡とスペクトルの変化　その2 …………………………………………… 65
　　　　　　　Tea Time：交互禁制律と金属原子に配位したときの赤外吸収スペクトル　68
第16講　反応段階の追跡とスペクトルの変化　その3 …………………………………………… 70
　　　　　　　Tea Time：繊維の鑑別　72
第17講　反応段階の追跡とスペクトルの変化　その4 …………………………………………… 73
　　　　　　　Tea Time：遮熱塗料　76
第18講　官能基／原子団ごとの吸収スペクトルの表 … 77
　　　　　　　Tea Time：大気の窓　80
第19講　赤外吸収スペクトルの集積 …………………… 82
　　　　　　　Tea Time：ドップラー伝　83
第20講　赤外吸収スペクトルのデータベース ………… 85
　　　　　　　Tea Time：ドップラー効果の実測実験　89
第21講　近赤外分光 ……………………………………… 91
　　　　　　　Tea Time：光ファイバーと近赤外部吸収　93
第22講　ランベルト–ベールの法則 ……………………… 94
　　　　　　　Tea Time：「空の青」と「水の青」　95
第23講　パルスオキシメータ　その1 ………………… 97
　　　　　　　Tea Time：二波長分光法　100
第24講　パルスオキシメータ　その2 ………………… 102
　　　　　　　Tea Time：静脈認証　103
第25講　臨床医学への赤外線の利用 …………………… 105

目　　次

　　　　　Tea Time：生体の窓　*107*
第 26 講　**身近な近赤外線の利用**……………………… 108
　　　　　Tea Time：暗視装置（ノクトヴィジョン）　*109*
第 27 講　**すばる望遠鏡と宇宙の果て**………………… 111
　　　　　Tea Time：超遠距離銀河と赤方偏倚　*114*
第 28 講　**「遠赤外線」とは**…………………………… 116
　　　　　Tea Time：火山のリモートセンシングと赤外線観測　*120*
第 29 講　**「テラヘルツ分光学」**……………………… 121
　　　　　Tea Time：寒極天文学　*124*
第 30 講　**黒 体 輻 射**…………………………………… 125
　　　　　Tea Time：発熱体の色調と温度の関連　*129*
　　　　　　　　　　赤色矮星　*130*
　　索引………………………………………………… 132

第1講

赤外線の分類

　物質に赤外線を照射すると，それぞれの分子構造に応じて，ある波長の光が選択的に吸収されます．この様子を，物質を透過した赤外線の強さ（透過率）を縦軸に，波長か波数を横軸にとってグラフ化することで，赤外吸収スペクトルが得られます（図1）．この吸収スペクトルは物質固有のものであるため，その物質が何であるのかを知るうえで有効な情報を得ることができます．また，物質を構成している部分構造に関する赤外線吸収は，先人の測定結果の集積としてかなりくわしく調べられているため，赤外吸収スペクトルから未知の物質の化学構造を推定することも可能です．

　1800年に，天王星の発見者として有名なウィリアム・ハーシェル（Sir Frederick William Herschel, 1738-1822）が，ニュートンに倣ってプリズムで太陽光をスペクトルに分けたとき，赤色のバンドよりも入射光線の延長部に近いところ（内側）に温度計の球部を置くと，かなりの温度上昇が認められることを発見しました．つまり目には見えないけれど太陽からの放射線が地球に届いていて，それも

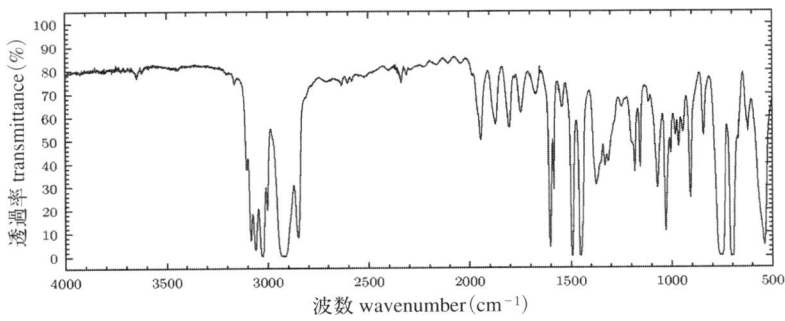

図1　ポリスチレンフィルムの赤外吸収スペクトル（岩塩領域）

程度の差こそあれ可視光線とかなり類似した挙動を示すことが発見されたのです．後に光が電磁波であることが証明されると，赤外線も同様にこの電磁波の仲間入りをすることになりました．

　その後，いろいろな方面での研究が始まりましたが，「赤外線（infra-red）」とはどのぐらいまでの範囲を指すのかが改めて問題となりました．「IR」と略して呼ばれることが多いのですが，この「infra」は，最近ではマスコミもカタカナの「インフラ」をさして説明もなく使っていますが，もともとは「内側」を意味するラテン語の接頭辞で，赤色よりも内側（つまり屈折の度合いが少ない）であることを示すのにハーシェルが定めた言葉だということです．つまりもともとかなり広範な領域を指していたので，今でも「遠赤外線利用暖房器具」とか「近赤外線レーザー治療」などという言葉は新聞紙上や広告にもたびたび見られますが，それじゃ具体的にどの範囲なのかというと，あんまりきちんと教えて下さる先生方も少ないためか，時としてかなりの誤解をまねいている例もなしとしません．もう1つは対象や測定機器などが，波長範囲（電磁波ですから同時にエネルギーの範囲でもあるのですが）ごとにかなり異なっていた時代の名残が実用上あちこちに生きていることもあるのです．

　短い方は通常のヒトの視覚だと700 nm（7000 Å）ぐらいのところが検知できる波長（赤色）の上限で，これより長波長の電磁波が「赤外線」になるのですが，それでは電波との境界となる波長はどのぐらいかということになると，大先生方それぞれのご専門とされる分野ごとにかなりの違いがあるのです．

　たとえば以前の天文学分野では，宇宙観測に用いられる水素のスペクトル線（波長）を全部包括できるようにしたいということで，いわゆる「21 cm線」までは赤外線に含めたいというかなり強力な主張があったそうです．これは中性水素原子の放出するスペクトル線で，陽子と電子（どちらもスピン1/2ですが）が，平行の状態にある場合と逆平行にある状態のエネルギー差（微細構造）に相当します．電波天文学の分野が大きく発展した現在では，さすがにここまで赤外線に含めることはなくなりました．この21 cm線は周波数1420.40575 MHzの電波であり，その波長が21.106114 cmであることからこの名が付けられているのです．よく「電波で見た宇宙」の画像があちこちで紹介されますが，その大部分はこの21 cm線で測定されたもので，宇宙空間における水素の存在・分布を示してくれ

るものです.

　現在における赤外線の分類・区分としては，ISO 20473による区分（表参照）が広く用いられているようですが，業界や研究分野によっては長年の蓄積があるため，区分の境界をどこに置くかにかなりの違いが存在しているようです．でもおよそのところ大部分の研究者はこの分類（ISO 20473）に従う方が便利だと考えているようです．

区 分	略 称	帯 域
近赤外線	NIR	0.78～3 μm
中赤外線	MIR	3～50 μm
遠赤外線	FIR	50～1000 μm

　もう少しやさしい（イラスト豊かな）解説を望まれる方々には，「日本赤外線学

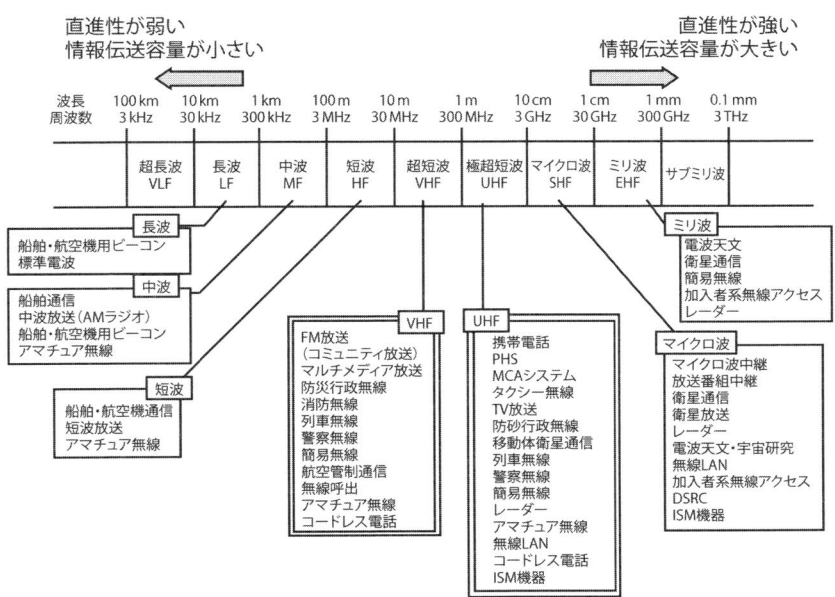

図2　波長による分類［総務省「電波利用ホームページ」http://www.tele.soumu.go.jp/j/adm/freq/search/myuse/summary/］

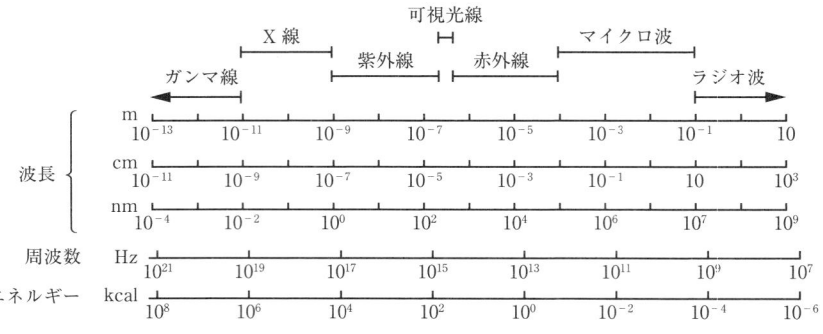

図 3 いろいろな電磁波の波長と周波数(振動数),およびエネルギーの一覧

会学生会」のウェブページにある「赤外線基礎知識」の項(http://jsirgakuseikai.jimdo.com/赤外線基礎知識/)などが参考となるかもしれません.

波長による電波の分類は,総務省の「電波利用ホームページ」(http://www.tele.soumu.go.jp/j/adm/freq/search/myuse/summary/index.htm?print)に解説と図面があり,周波数帯ごとの主な用途と電波の特徴が簡潔にまとめられています(図 2).

図中で最右端の「サブミリ波」のさらに右側に位置するのが「赤外線」なのですが,無線電波の世界では周波数単位を愛用するグループと,波長単位の区分を頻用するグループがあり,しかも分野によっては両方が入り乱れているケースもあります.次の第 2 講であらためて述べますが,波長と周波数,振動数,さらにはエネルギーの相互対照を 1 つにまとめたグラフを,図 3 として示しておきます.ここではエネルギーが kcal になっていますが,kcal/mol のはずです.なお,培風館から刊行されている『物理学辞典(三訂版)』(物理学辞典編集委員会編,2005)にも,この換算用のグラフがありますので,もし手元近くにおありならそちらの方が便利な場合もあるかもしれません.

================ Tea Time ================

 **ハーシェルの実験**

　ハーシェルの実験は，それほど面倒な設備や装置が不要なので，現在でも物理学実験のカリキュラムに組み込まれているところが多いようです．アメリカでの実験例やいろいろな解説を集めたカリフォルニア工科大学（カルテック）のウェブページ（http://coolcosmos.ipac.caltech.edu/cosmic_classroom/classroom_activities/herschel_experiment.html）には，かなり親切な解説と実験ガイドが載せられていますので，ご参考になろうかと存じます（もちろん原文は英語ですが，イラスト入りでそんなに難しくはありません）．七色に分光された太陽光線の位置による温度上昇の違い（アメリカですからデータは華氏温度で記録されていますが）など，実際に追実験をされようとする方々には参考になるところが多いだろうと存じます．

第2講

スペクトルの記載に用いられる単位

●波長, 振動数・周波数, 波数など

　ご承知の通り赤外線の研究・利用は著しく広い分野にわたっていますので, 赤外線の波長（あるいはその逆数に比例するエネルギー）を表現するにも, それぞれの領域ごとに便利と思われる単位で表現することが長年行われてきました. ただ厄介なことに, ここに「SI」なるきわめて融通性に乏しいシステムが導入されて, しかも「自分では満足に使えないけれど, 他の人間たちには強制的に使用を強いる（時には法令化してキビシイ罰則まで伴う）という大先生方」が世界中に出現してしまいました.

　この本の読者の皆様にとっては, 厳密さもさることながら, とにかく周囲の研究者やオペレータのいうことが誤解なく理解できること, また, 時と場合によってはこのSIシステムと自在に換算できるようにしておくことが, まず望まれる重要な事柄だろうと思われます. 比較のためには定量化が不可欠なのですが, 同じスケールで比べないで数字だけを取り上げてつべこべ言う（昨今の新聞やＴＶなどで, いわゆる「自称大権威」のお話のなかから, レポータたちが都合のいい所だけ抜き出すのをよく目に（耳にも）しますが）のに振り回されるだけの無駄な苦労はなんとしても避けたいのです. なお初めての方々にもっとも馴染みの深い「中赤外線」（いわゆる岩塩領域）のスペクトル測定は, ほとんどが定性的な研究（どのような結合や官能基があるか）が目的で, ピークの吸収強度を定量的に扱う例は, 皆無ではありませんが珍しい部類に属します. こちらはむしろ近赤外線領域で活用されるのが身近な例も含めて多いので, これについてはそちらで改めて詳しく述べることにします.

a. 波　長

(1) オングストローム（Å）

もともと，可視・紫外光線の波長を記述するのに広く用いられた長さの単位で，1億分の1 cm，すなわち100億分の1 m（10^{-10} m）です．赤外線分光学では主に近赤外分野（透明石英プリズムが使える）で用いられるようです．

(2) マイクロメートル，ミクロン（μm，μ）

以前の赤外線吸収波長の記載にもっぱら用いられた長さの単位です．100万分の1 m（10^{-6} m）．赤外分光学では，以前は「ミクロン」の方が広く用いられ，現在でもこちらを優先して用いる分野は少なくないようです．

b. 振動数・周波数

電波の分類は波長の1桁ごとに別の名称が付けられていますが，波長の逆数と光速度の積は周波数にほかなりません．これについては前項の末尾に紹介した総務省のウェブページに巧みなまとめがあるので，参照されるとよいでしょう．周波数の場合には，伝統的に3桁刻みでまとめられてきたので，波長による分類よりもひとまとめにする領域が広くなっています．最近話題となった「テラヘルツ波」など，1 THz（テラヘルツ）から1 PHz（ペタヘルツ）までの電磁波を指すのが本来の意味なのですが，これだと，短い方の限界は赤外，可視部を通り越して紫外線のところまでを包括することになってしまいます．

c. 波　数

(1) カイザー（kayser；cm^{-1}）

赤外線分光やラマンスペクトルなどの記載に際しての波数の意味では現在でも世界各地で通用している単位で，1カイザーは1 cm^{-1}にあたります．この単位名はドイツの分光学者で厖大な発光スペクトル集を構築したボン大学のカイザー（J. H. G. Kayser，1853-1940）を記念したものです．以前は「K」と略記（原子物理学などと同様）したこともありますが，絶対温度（ケルヴィン温度）と混同されやすいため，この略記法は現在ではほとんど使われなくなり，cm^{-1}をこう呼ぶことが普通となりました．ずっと昔はリュードベリー（Rydberg）と呼ばれたこともあるのですが，こちらは現在ではむしろ水素原子のイオン化エネルギーを波数で表示した値（リュードベリー定数）の略称として使われることがほとんどです．

一時期，このカイザーの代わりに「波数（wavenumber）」を使用すべきだとい

う大権威が多かったのですが，もし SI に忠実なら波数は単位長あたりの波の数でなくてはなりません．つまり，波数ならば m^{-1} となって2桁も違ってしまうので，実用上は不便きわまりないのです．そのためでもありましょうが，ヘンに SI に忠実な学術雑誌以外ではこの単位が使われている実例をみることはほとんどなくなってしまいました．

光子のエネルギーは振動数（波数）に比例し，1カイザーは $123.984\,\mu eV$（eV は後述の電子ボルト）にあたります．逆に1電子ボルトは $8065.54\,cm^{-1}$ に相当することになります．

(2) 波数（wavenumber）

単位長さ当たりの波の数，すなわち波長の逆数にあたるのですが，SI ならば m^{-1} が単位となります．でも赤外線スペクトルその他では昔通り（CGS 単位系）の cm^{-1}（つまり上記の「カイザー」）を単位としている方が普通です．英語で単に「wavenumber」と記してあったときには，どちらの意味か注意する必要があるのですが，こと赤外線分光の場合にはほとんどが「cm^{-1}（カイザー）」だとみて差し支えないでしょう．なお cm^{-1} を「reciprocal centimeter」と読む流儀もあるようで，これならば単なる「wavenumber」よりは誤解される可能性は大幅に小さくなります．

d. エネルギー

波数にプランク定数を乗じるとエネルギーに換算できます．SI 単位系ならばジュールになるわけですが，赤外から可視部の領域を扱う際にはむしろ電子ボルト（eV）に直してグラフを描いたりすることが少なくありません．

前述のように1電子ボルトは $8065.54\,cm^{-1}$（カイザー）に相当し，この波数はちょうど近赤外部にあたりますので，この領域で eV 表記を用いると便利なことが多いのです．

e. 輻射温度

黒体輻射の波長依存性は温度の関数で，その極大位置の波長は「ヴィーンの変位則」で表せるように絶対温度に逆比例する関係にあります．つまり $\lambda_{max}T=$ 定数なのですが，この定数の値は $2.8978\times10^{-3}\,m\cdot K$ で，別名を「ヴィーンの第二輻射定数」といいます．

この様子を両対数方眼紙上にプロットしたのが第30講に紹介した図50（p.128）

で，左下方部に何本かの上下方向の直線が描いてありますが，これが可視光線の各色調に対応しています（元の図では着色されていました）．

輻射温度はむしろ天文学分野のほうでよく見かける表現であります．たとえば「3 K 輻射」（宇宙のビッグバンの名残らしい）とか「310 K 輻射」（地球の大気から放出されている熱輻射を指します）などのように連続スペクトルを表現する際にはこれがよく用いられるようです．

======================== Tea Time ========================

 **クラークの三法則**

静止軌道衛星の考案者で，英国の高名な SF 作家のアーサー・C・クラーク（Arthur C. Clarke, 1917-2008）が定義した以下の 3 つの有名な法則があります．

第一法則：高名だが年配の科学者が「それは可能である」と言った場合，その主張はほぼ間違いない．また「それは不可能である」と言った場合には，その主張はまず間違っている．

第二法則：可能性の限界を測る唯一の方法は，不可能であるとされることまでやってみることである．

第三法則：充分に発達した科学技術は，魔法と見分けがつかない．

この第一法則の好例として今でもよく言及されるものに，19 世紀に活躍したフランスの大社会学者・哲学者で，天文解説者としても有名だったオーギュスト・コント（Isidore Auguste Marie François Xavier Comte, 1798-1857）が挙げられるでしょう．彼は「天体の化学的組成は，われわれ地上の人間には永遠に知ることができない」と喝破したといわれています．

ところが彼の没後（わずか 2 年後），ハイデルベルク大学でブンゼン（R. W. Bunsen, 1811-1899）とキルヒホッフ（G. R. Kirchhoff, 1824-1887）によって分光分析法が創始（1859）され，はるか宇宙の彼方の恒星や諸天体の元素分布までかなり細かくわかるようになってしまいました．まさに老大家の失言（勇み足？）の典型として，今でもあちこちに引用されています．

第 3 講

赤外線分光・測定用の装置　その1

　赤外線のスペクトル測定のための装置（分光計）は大きく分けると「光源部」「分散系」「検出部」「記録（データ処理）装置」のようになります．現在での主流であるフーリエ変換型赤外分光計になると，このうちのいくつかは合体したスタイルとなっている場合もあります．

●赤外透過材質
　赤外線は通常のガラスを透過することができません．近赤外部であればまだ透明石英が何とか使えるのですが，波長が長い領域になると塩化ナトリウム結晶（岩塩）や臭化カリウム結晶，さらにはKRS-5と呼ばれる臭化タリウムとヨウ化タリウムの混晶などが用いられます．プリズム分散系に塩化ナトリウム結晶を用いていた頃の名残は今でもスペクトルの「岩塩領域」という言葉に残っています．セルにも透過型のものではガラス以外のものが使われることになります．一般的には岩塩板（NaCl板）や臭化カリウム板（KBr板）などですが，水溶液の場合などではフッ化カルシウムや塩化銀の板などを用いる場合もあります．

赤外線と透過可能な材料（一部）

材　料	波数限界	使用対象および特徴
透明石英（熔融石英）	>2500 cm^{-1}	おもに近赤外線分光用
塩化ナトリウム（岩塩）	>600 cm^{-1}	通常の有機化合物対象
臭化カリウム	>350 cm^{-1}	通常より長波長領域の測定
KRS-5（TlBr/TlIの混晶）	>230 cm^{-1}	高分子鎖の骨格振動や結晶格子の振動などの測定．軟らかくて半透明，有毒

　なお，上で挙げたKRS-5などは赤褐色で半透明に見えます．このように，可視

光線に対しては不透明なのに，赤外線はよく透過させる材料があるのです．このことはあまり世人に意識されていませんが，高純度シリコンやゲルマニウムの板は赤外線を透過できるので，光学機器での赤外線透過性のウィンドウの材料に用いられています．また，赤外顕微鏡も，シリコン基板が近赤外線に対してほとんど透明であることを利用したものです（Tea Time 参照）．

●光　源

光源には以前はニクロム線（シーズ線）が使われていましたが，現在ではもっぱら炭化ケイ素棒等に電流を通して加熱したものが使用されています．これは空気中でも1000℃程度までの加熱が可能で，発生する輻射線もほぼ8～10 mにピークを持つ黒体輻射（後述）と見なせますので，中赤外領域をほぼ全部カヴァーできるFT-IR用の光源としては便利なのです．もちろん発熱体自身による吸収があったりして多少の凹凸がみられますが，干渉図形（インターフェログラム）をとるとこの影響は自動的に消えてしまいます．

近赤外部の光源としてはタングステンランプが以前から利用されていますし，遠赤外領域の場合は高圧水銀ランプを用いるほか，半導体素子の利用も試みられています．特に波長の長い赤外線（遠赤外線やいわゆる「テラヘルツ波」など）では，比較的最近になって半導体素子利用の優れた光源が開発されたことで，この分野の発展が加速されたともいわれています．

はじめから必要とされる波長が定まっている場合には，LED光源が用いられ，装置のコンパクト化に大きく貢献しています．あとで紹介する「パルスオキシメータ」（第23，24講）などは，まさにこの利点を活用した好例でもあります．

●光学系（分光系）

赤外線のスペクトル（吸収・発光）を観測するためには，光源からの赤外線を波長ごとに分別する必要があります．このためにはハーシェル以来の透明プリズム（ほとんどが石英製でありました）や，岩塩製のプリズムなどを用いた，波長による屈折率の違い（これを「分散」というのですが）による方式（分散型）の分光計が長いこと使用されてきました．コブレンツの吸収スペクトルの測定（後述）にも，この岩塩結晶から切り出したプリズムが用いられたということです．

ただ，岩塩には弱いながらも潮解性がありますので，当時の赤外スペクトロメータを設置するにはエアコン（特に除湿機能）を完備した機器室が不可欠でありました．欧米に比べると高温多湿条件にあるわが国においてはこの問題は重大で，しかも測定対象となる有機化合物を扱っている研究室や実験室は，まさに高温多湿条件下のことが多いのですから，よほど恵まれた場所でもない限り，なかなか一般化しませんでした．でも次第に多数の有機化合物のスペクトルの集積が行われてくると，測定条件がこれほどきびしくない装置が求められ，光学分散系にも岩塩プリズムに代わって回折格子利用のものが増え，さらにマイケルソン干渉計を利用したフーリエ変換赤外分光計（FT-IR）がメインとなって今日にいたっています．これについては第4講でやや詳しくふれることにします．

a. プリズム分光器

赤外領域の全体にわたって透明な固体物質はないので，必要な領域によってプリズム材料を選ぶ必要が生じます．塩化ナトリウム（岩塩）や臭化カリウムなど無機塩類の単結晶が以前から使われてきたのですが，これらには程度の差こそあれ吸湿性があり，分光計の周辺の湿度を低くすることが必要となるので，その後回折格子分光器に置き換えられ，さらに後述のフーリエ変換型（FT-IR）にほとんど置き換えられてしまいました．でも現在でも「岩塩領域」とか「KBr領域」という言葉が残っているのは，このプリズム分光計時代の用語が生きているとも

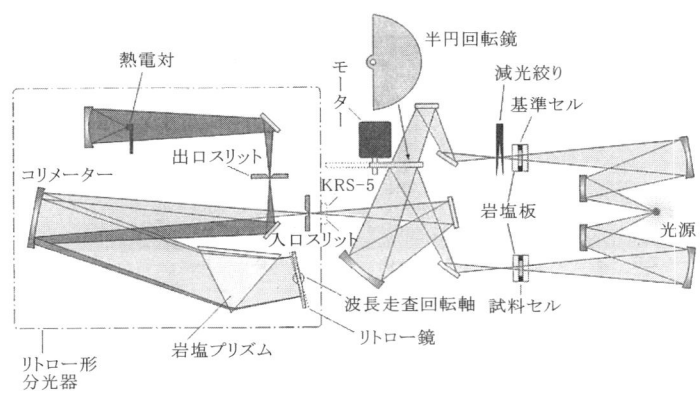

図4　岩塩プリズムを使用したダブルビーム自記赤外分光光度計の光学系 [http://www.an.shimadzu.co.jp/spectro/history/b-ir.htm]

いえます．なお近赤外部では透明石英のプリズムも長いこと使われてきましたが，これも現代では FT-IR 方式が主になっているようです．

図 4 は島津製作所のウェブページにある，岩塩のプリズム分散系を使った赤外分光計の模式図です．

b. 回折格子分光器

赤外分光計でも以前の代表的な分散素子はプリズムと回折格子でした．分散についての特性が優れていることから，最近の分光計では回折格子が広く用いられ，天体のスペクトル測定などにはむしろ好適といえます．

細かく平行な溝を刻んだ回折格子を利用して，光源からの連続スペクトルのうちの特定の波長（振動数）成分を，試料セルと参照セルそれぞれを通った光を交互に切り替えることで検出します．回折格子分光計は，赤外用も可視・紫外用も根本的なところは同じなので，典型的なものの構造の略図を紹介しておきましょう（図 5）．

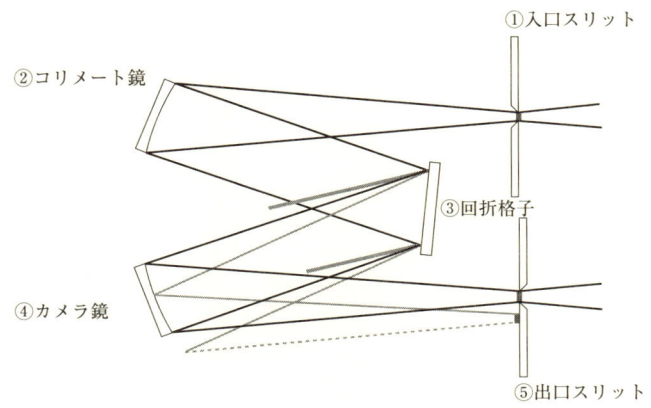

図 5 分光器の基本的な素子（ツェルニ-ターナ形回折格子分光器）[http://www.an.shimadzu.co.jp/uv/support/lib/uvtalk/uvtalk3/basic.htm]

=================== **Tea Time** ===================

 **赤外顕微鏡**

ゲルマニウムや高純度シリコンは，かなり広い赤外領域において高い透過性を持っています．そのために ATR 法のプリズムや透過用の窓材料として使用されていることは本文にも記しました．

赤外線に対してシリコンが透明であるならば，集積回路の内部の観察にも使えるはずで，実際にこの目的に特化された赤外顕微鏡がすでに製作・市販されています．「ガラス越しに観察するのと同じように内部が見える」のですから，半導体集積回路の検査などにはまさにうってつけでしょう．このためにはやはり，可視光線と同じような光学系が使える近赤外線（波長 900〜1200 nm）が利用されることが多いようです．詳しくはメーカーのウェブページにある解説をご覧ください．

たとえば，
・朝日光学　　http://solution.asahikogakuki.com/faq2/?cat=1
・島津製作所　http://www.an.shimadzu.co.jp/ftir/aim8800.htm
・日本分光　　http://www.jasco.co.jp/jpn/product/index.html#lightIRT-5200
などです．図 6 は日本分光の赤外顕微鏡（IRT-5200）の写真です．

図 6　赤外顕微鏡 IRT-5200（日本分光株式会社）

第 4 講

赤外線分光・測定用の装置　その2

●光学系（分光系）（続き）

c.　フーリエ変換分光システム

現在あちこちの研究室に備えられているFT-IRの装置は，スマートにコンパクト化されていて，ほぼ完全にブラックボックスと化しています．この中身の構造をよく知っていただくために，本講では国立環境研究所 地球環境研究センターの森野　勇先生の解説や図面を引用しながら話を進めてゆくことにします．（引用元：『地球環境センターニュース』2013年11月号 http://www.cger.nies.go.jp/cgernews/201311/276003.html）．

森野先生の研究対象は大気中の種々の化合物のリモートセンシングなので，低濃度物質の高感度スペクトル測定にはどうしても光路長を稼ぐ必要があり，測定用の分光計もずいぶん大きなものになっています．初めての方が仕組みを理解するには，むしろこういったものが好適だろうと思われます．

フーリエ変換赤外分光計の中心部は，マイケルソン干渉計です．光源からの光

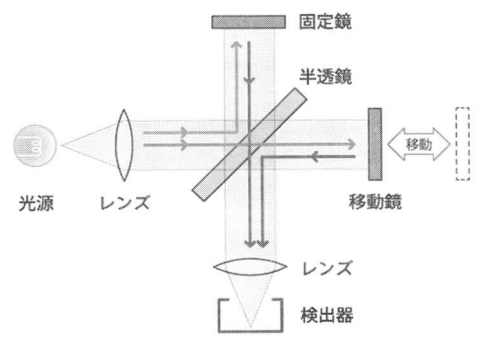

図7　マイケルソン干渉計［『地球環境センターニュース』2013年11月号；図8〜10も同様］

をレンズや反射鏡を利用して平行光線とし，これを斜めに置いた半透鏡に当てます．一部はここで直角方向に反射されますが，別の部分はこの鏡を通り抜けて直進します．（図7参照）

　反射して直角方向に進んだ光は，固定鏡で反射されて戻ってきて，今度は半透鏡を通過して検出系へと向かいます．これが吸収を受けないままの光となります．

　一方，半透鏡を通過して直進した光は，同じように鏡で反射を受けるのですが，こちらの鏡は可動式になっていて，距離を調節できるので，往復に必要な時間を変化させることができます．こうすると，元の光源からの光とは進む距離に差が生じます．この差のことを「光路長差」というのですが，時間的にずれたコヒーレントな光が戻ってくることになります．

　コヒーレントな光は互いに干渉を起こしますが，もし完全に重なってしまえば強度が2倍となるだけだし，差をとると完全に消えてしまいます．位相や振幅などに違いがあれば複雑なインターフェログラム（干渉図形）を生じるようになります．このインターフェログラムをコンピュータ処理すると，元の光源のスペクトルとの差だけを取り出すことも可能で，これがFT-IRスペクトル測定の原理です．ですから，可動鏡で反射されて戻ってきた光を試料に通過させたときに吸収が起きれば，この結果は複雑な成分を持つインターフェログラムとなりますが，あとはコンピュータの助けを借りて吸収スペクトルの形に直せばいいのです．

　以下の説明は前述の奥野先生の解説をそのまま転載します（図番号は本書にあわせ改変しています）．ほかの解説もいくつか調べたのですが，初めての読者にもよくわかるように親切な記載があるのはほかには見受けられませんでした．

「図8に，国立環境研究所の地球温暖化研究棟3階に設置している大気観測用高波長分解能FT-IR（図10）を用いて臭化水素（HBr）のスペクトルを測定した場合の例を示します．この場合は，干渉計で干渉波形を作った後，HBrの試料を通過させその光を検出器で検出しています．図8はFT-IRの干渉計によって取得された干渉波形です．図9はこの干渉波形をフーリエ変換して得たスペクトルで，右側の周期的な吸収スペクトルはHBrによるものです．左側に見える小さな吸収スペクトルは，FT-IRの光学系は真空にしているがわずかに存在している水蒸気による吸収スペクトルです．HBrはFT-IRの性能を評価するために定期的に測定

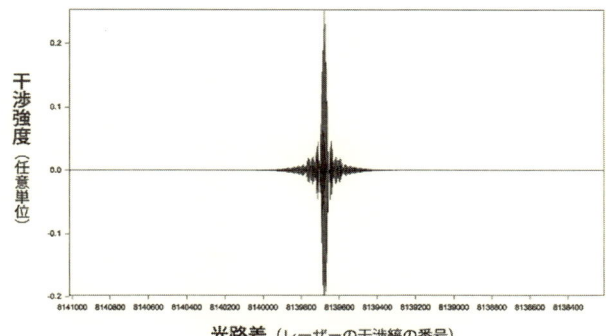

図8　大気観測用高波長分解能 FT-IR を用いて測定した HBr の干渉波形

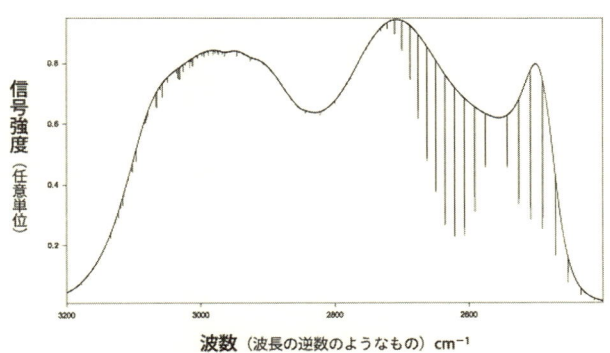

図9　図8の干渉波形をフーリエ変換することにより得た吸収スペクトル

を行っています．

　図10は国立環境研究所地球温暖化研究棟3階に設置されている大気観測用高波長分解能 FT-IR 装置の写真なのですが，大気の吸収を受けた太陽光を測定しているところです．ここでの光源は太陽光で，研究所の屋上に設置された太陽追尾装置（ヘリオスタット）からの太陽光を，手前の大きな鏡と右に続く2枚の小さな鏡を用いて FT-IR に取り込みます．FT-IR の「T」の字の交わっている部分に，干渉計の半透鏡と固定鏡があり，奥の長い部分に移動鏡があります．さらに，左側に検出器があります．」

図10 国立環境研究所の大気観測用高波長分解能 FT-IR 装置

　普通の化学の研究室にある FT-IR の装置に比べると，この写真の装置は著しく巨大なものに見えますが，原理の説明にはこのぐらいのサイズのものの方が実感できると思い，奥野先生のウェブページから引用しました．

============ **Tea Time** ============

 **マイケルソンと干渉計**

　FT-IR の心臓部でもあるマイケルソン干渉計は，もともと赤外線分光を目的として考案されたものではありませんでした．19世紀の末頃から20世紀の初頭にかけて，光が宇宙空間をどのように伝わるのかが大問題となりました．光は横波なので，当然ながら何かふさわしい媒質が存在しないと伝達できないはずだと考えられ，この仮想的な媒質にギリシャ語由来の「アイテール（$\alpha\iota\theta\varepsilon\rho$, aither）」という名称が与えられました．「エーテル」というのはこの言葉の英語読みにほかなりません．

　マイケルソン（A. A. Michelson, 1852-1931）は，時間的コヒーレント光を利用して光速度の精密測定を可能とする干渉計をつくり，これによって今のアイテールによる光速度の違いをもとめようとしたのです．

　宇宙空間がアイテールで満ち満ちているならば，どんな遠くからでも光が伝わってくることを無理なく説明できるのですが，それではその中をかなりの速度で運動しているはずの地球上で光の速度を測定したら，公転による運動の向きは半年経つと反対方向になるので，光線に対しても追い風効果と向かい風効果が現れて然るべきで，そのために

は十分な精度で光速度の測定ができる計測器が必要ということになりました．

　それまでの光速度の測定は，木星の衛星の蝕の遅れから間接的に求めたデンマークのレーマー（O. C. Rømer, 1644-1710）や，歯車の回転数を変化させてパルス状の光束をつくり，遠くに置いた鏡を利用してその反射の観測でデータを得ようとしたフランスのフィゾー（A. H. L. Fizeau, 1819-1896）の研究などがありましたが，いずれも誤差がまだかなり大きく，とても今のアイテールの効果を論じるに足るだけの測定精度は期待できませんでした．

　マイケルソンは，当時の天文学界の大御所であったニューカム（S. Newcomb, 1835-1909）の助力もあって，何度も実験を試みたのですが，光路差を変えた度重なる測定の結果はすべてネガティヴ，つまりアイテールの存在は検知できず，「光速度は不変」という結果になりました．

　「失敗に終わった偉大な実験結果」とよく科学史の書物に言及されていますが，逆に考えたらこれこそアインシュタインの「光速度不変」の実験的証明にほかならないのです．

第 5 講

赤外線分光・測定用の装置　その3

●検出器

　検出器は以前（19世紀）からのボロメータ（Tea Time 参照）や熱電対のほか，シリコン-酸化バナジウム系，あるいは硫化亜鉛系やテルル化ビスマス系などの感熱半導体素子が波長に応じて用いられています．

　熱電対を多数直列につないで感度を上げた「熱電堆（サーモパイル）」は，コブレンツ（後述）の発明になるものだといわれていますが，天文学での利用はともかく，化学関連の研究室用の分光計にはあまり利用されていないようです．

　検出器の性能は使用波数範囲（波長範囲）にもかなり左右されます．最新の詳しいことはメーカー（浜松ホトニクスなど）のカタログを参照していただくのがよろしいかと思われますので，あとにウェブページのアドレスを記しておきますが，ここではもっと一般的に注意すべきことを述べておきましょう．

　その昔の天文学者は，望遠鏡にプリズムと赤外線感光性フィルムや乾板を取り付けて，恒星などの諸天体の近赤外部に及ぶスペクトルの撮影・記録を試みました．この場合は感光乳剤が検出器の役割を果たしていたわけですが，アメリカの天文学者であったラングレーが「ボロメータ」を発明して，これによってさまざまな領域における赤外スペクトルの検出が可能となりました．

　ボロメータは装置自体が簡単にできていて，検出感度も赤外線の波長にはあまり依存しませんので，現在でも広く使われてはいるのですが，さすがに分解能や信号／雑音比（S/N 比）などが問題となる場合が増えてきて，いろいろと他の種類の検出器も登場してきました．でもマイクロボロメータと呼ばれる現代版のボロメータは赤外線宇宙探査などには不可欠な装置でもあり，液体ヘリウム温度に冷却した高純度シリコンやゲルマニウムを用いたマイクロボロメータは宇宙探査機などで活躍しています．

現在のところボロメータや熱電対よりもポピュラーとなった赤外線検知器には，TGS と略称される硫酸トリグリシンのほか，遠赤外線からテラヘルツ波（サブミリ波）までの広い範囲で特徴を発揮できるアンチモン化インジウム（InSb）やテルル化カドミウム水銀（HgCdTe）などが挙げられます．

　TGS，すなわち硫酸トリグリシンは，プロトンを付加したグリシン 2 mol と硫酸イオン 1 mol との塩に，両性イオンの形のグリシンがさらに 1 mol 付加した形のもので，名前から推察されるようなペプチドのトリグリシンの塩ではありません．強誘電体で，強い焦電性（つまり外部からの熱によって電位差を生じる性質）を持っているので，赤外線の検知素子として広く利用されています．重水素置換体の DTGS も同じような焦電性を示し，キュリー温度が高い（TGS：49℃，DTGS：62℃）ので，ある程度の使い分けがされているようです．

　いろいろな検出系（赤外線センサー）についての新しい情報は，やはり何といってもメーカーのカタログやウェブページに記載されているものが一番でしょう．当方が比較的最近目にしたもの（2015 年 7 月執筆時点）をいくつか下にリストしておりますが，まだまだ見落としがあるかもしれません．用途も次第に多岐にわたるようになってきているので，この種の「新製品紹介」は貴重な情報源となります．

・赤外線検出素子（浜松ホトニクス）
　http://www.hamamatsu.com/jp/ja/product/alpha/KSE/4007/index.html
・焦電型赤外線センサ（村田製作所）
　http://www.murata.com/~/media/webrenewal/support/library/catalog/products/sensor/infrared/s21.ashx
・赤外線センサの特徴（NEC）
　http://jpn.nec.com/geo/jp/description/infrared002.html

=============================== **Tea Time** ===============================

 **ボロメータの歴史**

　赤外線の検出装置はいろいろありますが，その中で歴史の長いものとして「ボロメータ（bolometer）」が第一に挙げられるでしょう．これはもともと天文学者のラングレー（S. P. Langley, 1834-1906）の発明になるものです．最初のものは2本の白金線を用い，一方に煤（後には白金黒になったようですが）を塗って熱吸収の効率をあげ，他方は被覆体で覆って熱線を検知しない（非感熱部）ように工夫されていました．この2本をブリッジ回路に接続し，バランスが取れるように電流を流して，この電流強度から対象物の温度を求める方式でした．赤外線の波長による感度依存性が小さいので，広い波長範囲にわたって使用可能なのですが，さすがに昨今ではいわゆる超遠赤外部やサブミリ波（いわゆるテラヘルツ波）になってくると，もっと効率の良い半導体検出素子が開発されてそちらも利用されるようになりました．

　ラングレーのボロメータの感度はかなり優れたもので，1/4マイル（およそ400 m）もの距離の牧場にいる牛の体温の検知ができたといわれています．

　ラングレーはライト兄弟に先がけて飛行機を製作し，無人機の飛行実験には見事成功したものの，有人飛行は残念ながらうまくいかず，そのために今日ではライト兄弟の方がはるかに有名になっています．

　現在のマイクロボロメータは，赤外線カメラの撮像素子に多用されていますが，ラングレーのオリジナルのものとは大きく違って，高純度シリコン基板の上に酸化バナジウムなどの感熱素子を蒸着させたタイプのものが広く用いられています．そのほか，測定対象となる波長領域次第でいろいろなものが使われています．

　これらのマイクロボロメータは天文学観測などで広く利用されています．この際に問題なのは熱雑音なので，液体ヘリウムなどで極低温状態に冷却して感度と信号／雑音比（S/N比）を向上させるのですが，宇宙探測機の場合には冷媒が全部気化してしまうと補給がききませんので，これによって観測装置の寿命が決まってしまいます．

第6講

赤外吸収スペクトル測定の手順　その1

●一般的な注意

　現在普及しているIR分光計は，データを電子的に処理可能となっているので，得られるスペクトルも以前の標準的分光計に比べると格段に質の良いものとなっています．得られたIRスペクトルの解釈には，スペクトルの吸収極大の位置と強度を利用します．位置は波数単位，強度は相対的な記載（vs/s/m/s）のように記すのですが，これによって，官能基それぞれの吸収ピークと文献値との対応づけ（帰属）が可能となるのです．試料の調製法次第で吸収ピークの波数に多少の差がみられることもあるので，留意するように．特に極性の強い化合物の場合には注意が必要となります．

　初めての学生諸君を対象とした，実際のスペクトル測定のための試料調製を親切に記載している実験ガイド（ダイレクション）やテキストの類はあまり多くありません．指導教官から直接手をとって教えていただくのがベストだというのは確かなのですが，いつでもそれが可能とは限らないのが実情です．ここではアメリカのカリフォルニア大学ロサンジェルス校（UCLA）で使われているテキストや，国内のもの（東大，阪大など）を見比べてみて，そのなかで初心者向けの説明がいちばん親切な部分を筆者なりに綴り合わせてみました．やはりそれぞれのお国の事情（実験室の事情）があるために，あるところは必要以上に詳細だったり，あるいは学生諸君が先刻ご承知と思われるところはざっと触れるだけでおしまいというケースがあったりして，なかなか理想的なものをつくりあげることは難しいのだなとあらためて感じさせられ，自分なりにこれらを骨子としてまとめあげたものです．参考までにUCLAのウェブページのアドレスを記しておきましょう．(http://www.chem.ucla.edu/~bacher/General/30BL/tips/ir1.html)

赤外吸収スペクトルを測定して，意味のある情報をすべて取得したいのであれば，鋭いピークがきちんと記録された（つぶれていない）スペクトルを得ることがまず必要とされるのです．理想的には，試料とした化合物の最大の吸収ピークの透過率が2〜5%ほどとなるようにすべきです．透過率が5%であるということは，吸光度にするとほぼ$A=1.3$に相当しますが，これは通常の検出器での検出限界にほぼ等しい値です．強度の大きすぎるピークが出現するような場合には，スペクトルの形状は本来のものよりも細かい（瑣末な）ものまで大きく出現するので，本来の吸収スペクトルとは異なってきますし，強度の大きすぎるピークは，吸収極大の部分がつぶれてしまうので細かいピークがカットされ，形状が変化してしまいますから，試料調製に際してはふさわしい吸収強度となるようにすることがきわめて重要となります．

　測定用の試料の調製は，必ず実験台の上で行うこと．くれぐれもIR分光計の上でやってはなりません（！）．今までの経験からすると，不注意にこぼした試薬や試料が分光計の内部を汚染し，その結果誤ったスペクトルが得られたり，時には分光計自体を大きく破損して使えなくしてしまったこともそれほど珍しくはないのです．いくら普及型の機器といっても，まだかなり高価な測定機器であることには留意してください．

●液体試料

　測定したい化合物をセル板（岩塩板など）の1枚の上に1滴落とし，もう1枚のセル板で挟んだ後，上の板を90°ほど回転させて均一な液膜をつくらせます．これをホルダーに挟んで測定試料とするのです．

　測定が終わったら，セル板を剥がして表面をきれいに拭ってから担当教官に返却すること．必要ならば少量のアセトンをつけた綿棒で残っている汚れを取り，乾いたペーパータオルなどで拭き取ることになります．

●固体試料（溶液法）

　もし適当な溶媒（四塩化炭素，塩化メチレンなど）で濃厚な溶液を作れるような固体試料ならば，数mgを採取して岩塩板上におき，この上に溶媒を1滴落として，もう1枚の板で挟むか，別の小さい試験管で溶液をつくり，上澄みをパス

ツールピペットで採取して測定試料とする方法が採られます．どちらの手法を選ぶかは場合次第となります．

●固体試料（錠剤：KBr ディスク）

　液体の試料の場合とは違って，固体試料の場合には，鉱物油（流動パラフィン）に試料粉末を懸濁させたもの（これをヌジョール・ムルという）を岩塩板（あるいは塩化銀や臭化カリウム，ヨウ化セシウムなどの板）に挟んでスペクトルを測定する方法と，臭化カリウム（KBr）粉末と混和して錠剤のように整形して測定する方法があります．これらの化合物はすべてイオン性のものなので，通常の赤外吸収スペクトル測定の領域（中赤外線）には吸収を示さないのです．実際に KBr 錠剤（ペレット）を作製するには，下のような手順で行うことになります．

a. 試料と KBr の配合比

　試料は KBr に対しておよそ 0.2〜1% 程添加します．錠剤は液体膜よりも厚いので，濃度は低めにする必要があります（ベールの法則）．図 11（次頁）に示した錠剤成形器の凹みは，およそ 80 mg ほどで十分いっぱいになるはずです．試料の濃度が高すぎるとクリアな錠剤を得るのが難しくなりますし，赤外光がほとんど透過できなくなったり，あるいは粒子の境界面による散乱のためにノイズだらけのスペクトルとなってしまうので，試料は十分細かい粉末にする必要があるのですが，ものによっては粉砕の途中で変質してしまうこともあるので，それなりの注意を必要とします．

　理屈の上では，均一な混合物を調製できれば美しいスペクトルが得られるはずなのですが，そのために必要以上に時間をかけてすり混ぜるのはよくありません．細粉末化した臭化カリウムは大気中の水蒸気を吸着しやすく，そのためにある領域においてはバックグラウンドが大きくなってしまうことがよくあるのです．

b. 錠剤作製器の取り扱い

　図 11 に示したのは，筆者などには懐かしいパーキンエルマー（PerkinElmer）社の錠剤作製器のセットです．今でも根本的には変化していないのですが，FT-IR の普及につれて，以前は普通であったこの錠剤作製器でつくられる直径 13 mm ほどの KBr ペレットよりも，ずっと小さいサイズのものがよく使われるようにな

図 11　錠剤成形用鋳型（パーキンエルマー社）

ってきています．
　パーキンエルマー社の赤外線分光器関連のカタログのあるウェブページは下記の通りです．（http://www.perkinelmer.com/catalog/category/id/infrared%20spectroscopy%20consumables）

① まず，アンヴィル（鉄床，カナトコ）の上に成形用鋳型を置いて，上蓋（図の中央）についている長い方の心棒（ピストン）が保護筒（図の右側）の孔の中を自由に動けるようになっていることを確かめてください．もしスムースに動かない場合には，筒の内側（側壁）かピストンのどちらかが歪んでいることになるので，このような場合には指導教官に申し出ること．

② アンヴィルの上に改めて鋳型を置き，短い方のピストンをセットします（図の左側のもの）．

③ 保護筒をこの上にセットし，試料と KBr の混合粉末を凹部に入れます．底部のピストンの面がきちんと覆われていることを確かめること．

④ 長い方のピストンのついている上蓋（図の中央）を孔にはめ込み，360°回転させて試料粉末をならします．これはまた保護筒の内壁に錠剤成分の一部が付着していないことのチェックにもなるのです．

c.　錠剤作製

① 錠剤成形用の鋳型をハンドプレスにセットします．この際に鋳型の背面がプレスの後ろ壁にきちんと接触するようにしますと，プレスのセンターをきちんと合わせることが容易となります．鋳型の中心とプレスのセンターの位置がずれていると，プレスの頭部がずれてしまい，ピストンが曲がってしまったり，時にはアンヴィルが歪んでしまったりする可能性が大きいのです．KBr 錠剤作製

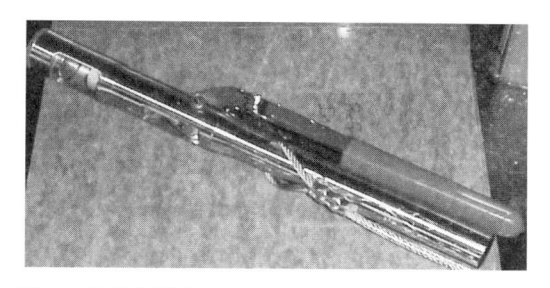

図 12 錠剤成形用ハンドプレス（パーキンエルマー社）

用のプレス．図12に示した写真はパーキンエルマー社のかなり以前のタイプのようです．型番などは手元資料ではわかりませんでした．

② ハンドプレスを正しい位置にセットできたら，ハンドルをゆっくりと押し下げて圧力をかけます．ハンドプレスの取っ手が予想外の位置に来ているのであれば，ついている目盛をみて相応しい厚さとなるように調節します．この際には教官の指示に従ってください（圧力をかける機器の場合，闇雲にいじり回すのは危険を伴いますので）．

③ 圧力ゲージの目盛がきちんと出ていることを確かめてから，ゆっくりとハンドプレスに圧力をかけます．時間は30秒もあれば十分でしょう．これできれいな錠剤ができたはずですが，このときハンドプレスの開放端は絶対にあなた自身，あるいは仲間の方に向けてはいけません．ゆっくりとハンドルを緩めて，成形用の型の部分をそっと丁寧に外します．くれぐれも余分な圧力をかけないように．また，錠剤の鋳型やハンドプレスを床に落としたりすると破損の可能性が大きいですし，時には怪我の元となることもあります．

④ これでほぼ透明な錠剤ができているはずなのですが，もし鋳型をアンヴィルから外したときに，まだ不透明のままだった場合には，もう一度下の鋳型をカナトコの上に戻し，今の不透明な錠剤をセットして，ハンドプレスで以前よりもやや高めの圧力を加えるとだいたいうまくゆきます．

⑤ 測定が終了したなら，セルホルダーから錠剤の保持部分を外し，もとのホルダーの部分はきれいに拭って乾かします．必要ならば少量のアセトンをつけた綿棒で残っている汚れを取り，乾いたペーパータオルなどで拭い取ってから乾かして元通りにします．

d. 測定終了後の後始末．クリーンアップ

① 乳鉢と乳棒を注意して汚れを拭い取り清潔にします．必要ならば少量のアセトンを小さな綿棒などにつけて拭いた後，乾いたペーパータオルなどで拭い取ります．

② 錠剤成形用の鋳型を分解し，同じように汚れを落として清潔にします．わずかでも残っていると，短時間でも容易に腐蝕が進行して錆が浮き，使えなくなってしまうことが多いのです．

③ 実験終了後の KBr／試料の混合物は，指定された固体廃棄物容器に捨てること．紙くず入れに廃棄してはいけません．

錠剤成形用のハンドプレスや鋳型は高価なので，くれぐれも破損しないように注意のこと．プレスは現在 500～600 ドル，鋳型も一組あたり 50～60 ドルもします．わが国の場合でも，ハンドプレスは 1 台 5 万円くらい，錠剤成形器も数万円もします．

使用頻度が高い現場などであまりに消耗が激しい場合，成形用鋳型を工作部門で自作されたという報告もあります．ご参考のためにその報告が掲載されているアドレスを紹介しておきましょう．

・赤外分析用 KBr 錠剤成型器の改良とアクセサリーの製作（大濱光央，坂本道夫，櫻井太郎）

http://www-tech.sci.osaka-u.ac.jp/kensho/pdf/H20oha_saka_saku.pdf

もし不具合を発見（たとえば錠剤がどうしても均等な厚さにならないなど）したなら，そのむねを指導教官に報告して，問題点をチェックしてもらって下さい．

=========== Tea Time ===========

熱素（calorique）

18 世紀の末ごろ，フランスのラヴォアジェ（Antoine-Laurent de Lavoisier, 1743-1794）が，それまで広く信じられてきた「燃素（フロギストン）」説を，定量的な燃焼実

験の結果に基づいて否定して，近代の化学の扉が開いたということになっています．ラヴォアジェはその後，当時知られていたいろいろな元素の表をつくり，名称などなるべく世人に共通の理解が得られる（誤解されない）ようにと，化合物の命名システムも改訂しました．我々が日常的に使っている「酸素（oxygene)」,「水素（hydrogene)」,「窒素（azote)」などの名称（括弧内はフランス語）もここに始まるのです．

このラヴォアジェの元素表には，当時まだ元素単体が単離されていなかったいくつもの元素も含まれていて，その大部分は後にデーヴィー（Sir H. Davy, 1779-1829）の電気分解法などの導入によって実際に元素であることが確かめられました．

ただ，この表の中には「光（lumiere)」「熱素（calorique)」という奇妙な元素らしいものが含まれていました．当時のヨーロッパの化学者にとっては，「これらもいずれフロギストンと同じように将来正体が判明すれば，元素の一員となることだろう」と理解されていたのです．

でもその後の大科学者達の研究の結果は，この2つを「元素」とするには否定的なものばかりでした．現代の元素表（周期表）にはどちらも含まれていないことはご存じの通りです．

第7講

赤外吸収スペクトル測定の手順 その2

● ヌジョール・ムル法

「ムル（mull）」とは普通の英和辞典を引くと名詞の「混乱」とか「失敗すること」という訳語しか載っていませんし，動詞としても「熟考する」とか「失敗する」などという意味しか記してありません．ただアメリカ英語では「微粉末化してすり混ぜる」という意味でも使われるようで，ここではこちらの意味です．ヌジョール・ムルを作製するには，固体試料粉末を高純度の流動パラフィン（ヌジョール）とすり混ぜて均一に混和し，サスペンジョンとします．これを岩塩板に挟んでスペクトルを測定するのですが，波長領域によっては臭化カリウムや塩化銀，ヨウ化セシウムなどの板を利用することもあります．きれいなスペクトルを得るためには，試料を十分に微細化し，均一なサスペンジョンをつくる必要があるので，最初のうちは最適濃度を決めるために多少の試行錯誤が必要となるかもしれません．でも何度かやっているうちに，自分の試料をこのマシンで測定するならばどのぐらいが必要かというのがわかってきて，やがて特に天秤で精密に量らなくとも，きれいな吸収スペクトルを得ることが可能となるのが常です．もっとも濃い暗色の試料の場合は透過率が低くなるので，なかなかうまくスペクトル測定ができないこともあるのですが．

C-H 伸縮，CH_2 変角振動の領域をこのムル法で測定する場合には，ヌジョールの代わりに HCB（ヘキサクロロブタジエン $CCl_2=C(Cl)-C(Cl)=CCl_2$）を用います．この溶媒には C-H 原子団は含まれませんので，問題とする試料の該当する部分を測定することが可能となります．

●気体試料の測定

　地球温暖化問題そのほかで，大気の赤外吸収が問題となったりしますが，地球大気の成分のほとんど（窒素，酸素，アルゴン）は赤外部に吸収を示しません．わずかに含まれている二酸化炭素や水蒸気，さらにはもっと低濃度ながらメタンや亜酸化窒素，一酸化炭素，アンモニアや一部のフレオン（フロン）などが測定対象となります．

　希ガス（貴ガス）は単原子分子なので，結合の伸縮，変角などはもちろんあり得ないわけですが，対称二原子である酸素分子や窒素分子も，結合の伸縮による双極子モーメントの変化はないので，赤外領域の電磁波と相互作用を起こしません．よって，吸収が現れないのです．

　混合気体中の微量成分の赤外吸収スペクトルの測定では，濃度が小さいので，その分長い光路長が必要となります．このためには気体用の多重反射セルが用いられるのですが，大気自体の吸収スペクトルの場合には，何百 m，時には何十 km という，実験室系とは桁外れの長い光路長での測定が行われることとなり，その結果，普通にはほとんど無視されているような小さな吸収ピークがほかのものの測定に際して大きな妨害を与えることもあります．

　気体セルの概略図を示しておきましょう（図13）．これは島津製作所の赤外線測定機器関連のウェブページにあった図面です．

　図14は多重反射方式ではない単光路方式の気体セル（左側は光路長5 cm，右側は10 cm）の写真です．これも同じく島津製作所のウェブページにあったものです．

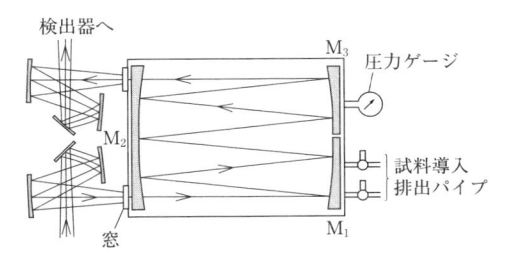

図13　気体セルの概略図［http://www.an.shimadzu.co.jp/ftir/support/faq/option.htm；図14〜16も同様］

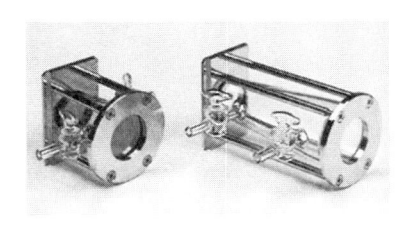

図14　単光路方式の気体セル（左側は光路長5 cm，右側は10 cm）

● **ATR 法（全反射測定法，attenuated total reflection）**

　屈折率の高い媒質（金属ゲルマニウムやダイヤモンド，KRS-5 など）に接触させた試料に，高屈折率媒質の側から光を当てて，全反射によって戻ってくる光と入射光の強度比からスペクトルを得る方法のことです．高分子材料のように容易に溶液や薄膜を調製できないものや，粉砕によって変質する可能性のある試料の吸収スペクトル測定に向いています．

　全反射なら試料による吸収は無関係のように思われますが，実は高屈折率結晶と試料との境界面で，入射光線の波長と同程度の深さまで（赤外線なら数 μm から 20 μm 程度にあたりますが）は光が侵入するので，これが反射光としてでてくるならば，この薄い層による吸収の効果が現れてきます．結果的に薄膜法の吸収スペクトルと同様なスペクトルが得られるというからくりなのです．ポリマーなどに好適とされていますが，ゲルマニウム板のような媒質を使うと，水溶液を試料とすることも可能です．測定用のセルには，1 回だけの反射を利用するものと，多重回の反射を繰り返させるものとがあり，それぞれ模式的には図 15, 16 のような構造をしています．

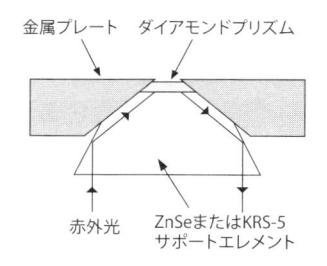

図 15　ATR 用のセルの図解①
　　　　（1 回反射利用）

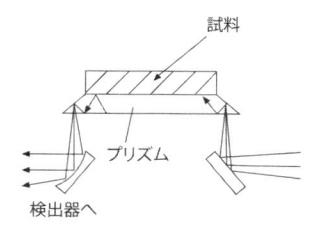

図 16　ATR 用のセルの図解②
　　　　（多重回反射利用）

　どの方法を採用するにせよ，大部分の有機化合物の場合には波数範囲で 500～4000 cm^{-1} の領域の赤外吸収スペクトルが得られるはずです．

　測定対象と同じと思われる化合物，あるいは類縁の化合物についてスペクトルの測定例があるかどうかをふさわしいデータベースを検索して調べておくと安心

でもあり，実験レポートも作成が容易となります．

= Tea Time =

「ヌジョール」の由来

　現在ではその名を知らぬ人とてないほどのロックフェラー財閥の初代は，ジョン・D・ロックフェラー（J. D. Rockefeller, 1839-1937）で，スタンダードオイル社を1870年に創設したことで名高いのですが，ロックフェラー家と石油の関わりはもっと前からのことです．彼の父君であるウィリアム・エイヴリー・ロックフェラー（W. A. ―，ビッグ・ビルというニックネームで有名でした．1810-1906）は，オハイオ州で入手した油田から，当時の商品となる燈油分を分離したあとに残るパラフィン油をもとに，「万病に効く特効薬」（もちろんインチキ）として今日でも辞典に載っている「スネークオイル」を販売して富を積んだといわれます．（当時はもっと沸点の低い「ガソリン」にはこれといった用途がなかった．後にヘンリー・フォードが自動車の動力源にガソリンエンジンを採用したのも，廃物の有効利用を兼ねてのことだったといわれます．）

　この「スネークオイル」はもともと華南地方に棲息している水蛇の植物油漬けで，大陸横断鉄道敷設時に動員された苦力（クーリー）たちが必要に迫られて愛用していたのが元だったといわれるのですが，新大陸にはこの水蛇は棲息していないので，代わりにガラガラヘビの油漬けを用いたそうです．しばらく前（2015年夏）の読売新聞に，バンコクやプノンペンのマーケットで，仔ヘビから大きく育てた大蛇を自分の首に掛けて売っているオバサンが紹介されていましたが，やはり油漬けか焼酎漬けにして薬用にするのだというご本人の談話が載っていました．いわば「マムシ酒」のあちら版みたいなものです．

　もともとの（ホンモノの）水蛇油には薬効のある成分が含まれているのですが，パラフィン油では潤滑作用のみ（もっともビッグ・ビルの販売していたものには下剤（ヒマシ油？）が配合してあったといわれます）でした．

　当時からアメリカ人は肉類の過食のための消化器疾患（主に「便秘」）に悩む連中が多かったので，ヒマシ油と流動パラフィン，つまり下剤と潤滑剤を用いて消化器内容物を一度完全に空にすることで，身体具合を良くしようと考えたのだそうです．これならばどちらも現在の各国の薬局方に掲載されているぐらいで，あながちインチキでもないは

ずですが，よろず誇大宣伝のお好きなアメリカの面々には，「万病に効く」という宣伝のインチキ薬がつけ込む余地はたくさんあったことでしょう．

　このための薬用パラフィン油の商品名が「Nujol」だったので，以後の薬用パラフィン油の名称としてすっかり普及した結果，現在の赤外吸収測定に欠かせない「ヌジョール」となったといわれます（参考：http://www.abovetopsecret.com/forum/thread474380/pg1）．

　現代では，この昔使われたヌジョールのガラス製容器には骨董品としての価値もあるようで，たとえば下記のウェブページなどをみると結構な価格が付けられています．(http://www.bonanzamarket.co.uk/items/like/214297258/Vintage-Clear-Glass-Nujol-Mineral-Oil-Bottle-Excellent-Condition)

第 8 講

赤外吸収スペクトルからわかること　その1

●「分子からの手紙」の解読

　「雪は天からの手紙である」という北海道大学の中谷宇吉郎先生の名言がありますが，赤外吸収スペクトルはまさに分子からの手紙にあたります．もっともこの手紙の解読には，多少の下地が必要ですが，ちょうど江戸時代の筆書きの候文体の書簡を解読するようなもので，勘所を巧みに把握するだけでずいぶんたくさんの貴重な情報が得られるようになります．「エトルリアの古文書」みたいに，たとえわかる文字で書いてあってもさっぱり意味が把握できないというような難しい対象ではないので，通常の有機化学者が便利に使えるようになったのも，実際にはこの修業がそれほど大変なことではないからでもあります．

　中赤外領域（いわゆる「岩塩領域」）の赤外吸収スペクトルは，それぞれの物質に固有の波形を示します．ですから，よく似た一連の化合物のスペクトルを調べたり，あるいは既報のスペクトルデータベース（もう数十万種ほどのデータが蓄積されていますが）を一覧したりすることで，それぞれに眼力を養うことができます．この本はそのための一助ともなるようにと考えて，いわゆる「有機機器分析法」の一部である赤外吸収法に加えて，関連のある近赤外部分光や，あるいはもっと長波長の遠赤外線や昨今流行のテラヘルツ分光までのいろいろな話題も紹介することにしました．

　20世紀初頭，アメリカのコーネル大学でウィリアム・コブレンツ（W. Coblentz, 1873-1962）は，自分で製作した赤外線の分光器（図17）を駆使して，数百種もの化合物についてどのような位置に吸収線が認められるかを記録しました．彼はその後，1905年に新設されたばかりのアメリカ度量衡標準局（NBS，今日のアメリカ国立標準技術研究所（NIST）の前身です）に採用され，1945年に退職するまで40年間在職したのですが，その後も赤外線分光学に多大の貢献を成し遂げま

第8講　赤外吸収スペクトルからわかること　その1

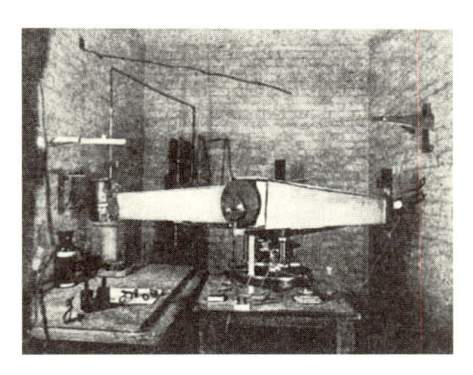

図17　コーネル大学時代にコブレンツが測定に用いた自作の赤外分光計
[Wikimedia Commons]

した.

　当時は今日風の自記記録計などもなく，手動で波長を変化させては透過してくる赤外線の強度を読み取るという，今から考えたら想像もできないほど手間と時間のかかる実験だったのですが，それでも数百種の化合物についての赤外吸収スペクトルのデータをまとめ，測定対象とした化合物の分子構造（現代風にみれば「官能基」）に応じてそれぞれ特徴的な吸収が定まった位置に出現するという貴重な指摘を行ったのです.

　もっともこの偉大な業績は，それからしばらくの間は研究者の関心を引くことはなかったようです．これにはいろいろな原因が考えられるのですが，やはりスペクトルを自動的に記録するシステムがなかなか実用化されなかったことが一番大きな要因だったのかも知れません.

　この結果は1905年の報告（W. W. Coblentz, 1905, *Investigations of Infra-Red Spectra*. Carnegie institution of Washington）に収められている巨大な折りたたみチャートにまとめられた（後の再版では省略されているそうです）のですが，さらにいろいろな物質（数百種）についての赤外線吸収波長のリストを表としたものも添えられています．この膨大なスペクトル集積は，今から考えてもものすごい力作なのですが，1905年のこの書物の最重要とされる箇所は実は別で，「分子群（現代風にみれば「官能基」）は，それぞれ特徴的な波長の吸収を示す」という一般化を初めて行ったことなのです．いわば「分子の指紋」としてIRスペクト

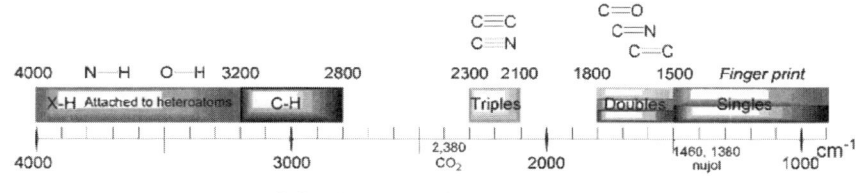

図18 赤外吸収の波数と官能基の「対照図」の例

ルが利用できるということを示したのです．今日，世界中で多方面の分野の化学者がIRスペクトルを使用するようになった原因はここにあるといえましょう．

化学者による赤外吸収スペクトルの測定対象の大部分は有機化合物を対象としていますが，これは複雑な有機分子でも，その中の部分構造や官能基ごとに特徴的な吸収バンドが生じることを利用しているためです．つまり，容易・簡便に「定性分析」を行える点が盛んに活用されているからなのです．

よく図18のような波数と官能基との対照図がありますが，これはあくまで目安でしかありません．

ほとんどの物質（化合物）に赤外線を当てると，それぞれの分子構造に特有の波長（振動数，波数）の光が吸収されます．ここで「ほとんどの」という限定詞がついているのは，身近にたくさんあるのに赤外部に吸収を示さない分子などが結構たくさんあるからなのです．これについては別の章でやや詳しく触れることにしましょう．

試料に赤外線を当てたとき，透過してくる光の強度をI，入射項の強度をI_0で表すと，透過率（transmittance, $T(=I/I_0)$）が，波長によって違っていることがわかります．縦軸に透過率を，横軸に波長をとってこの様子を記録したものがそもそもの「赤外吸収スペクトル」でした．

その後，横軸には波長の逆数にあたる「波数」をとることが一般的になりました．ですが，近赤外線分光学や赤外線天文学の分野では相変わらず横軸に波長をとって記録する方が普通に行われています（もっとも簡単に換算できますが）．もともと赤外部のスペクトルの横軸は，左から右へと波長の増加する方向に描くのが習わしでしたから，その後測定方式が変わって，波数単位が愛用されるようになっても，高波数側から低波数側へと普通のグラフとは逆向きになっています．

もちろん対象次第や分野によっては波数の増加方向に描く場合もありますが，全体からするとその割合はそれほど多くはありません．

なお，SIに忠実過ぎる傾向をお持ちの先生方は，「「波数」は単位長さに含まれる波の数だから，m^{-1}単位の値を採用すべきだ，それに波数の増加方向にプロットすべきである．」と仰せられるのですが，何十年も昔から赤外線スペクトルの分野ではcm^{-1}を波数（wavenumber）と呼んでいて，もともと波長の増加方向へとプロットしていた時代の名残で，その逆数である波数は減少方向へとプロットする習わしになっています．

この単位はカイザー（kayser）と読むこともありますが，一時期「SIで認められていないから，使用を控えるべきだ」という大先生方のご意向で，いくつかの分野では「wavenumber」と呼ぶように統一されたということです．でも赤外線吸収やラマンスペクトルの分野では，ずっとこの「カイザー」が使われてきましたので，誤解をまねきそうな表現よりもこちらを愛用する研究者の方が絶対多数，せいぜい「reciprocal centimeter」という別の表現が採用されるぐらいです（やはり少しでも簡潔な表現の方が好まれるのです）．

また，比較的長波長の赤外線になると，むしろ電波の延長としての扱いが主となるので，周波数を横軸にとるのが通例のようです．最近話題のテラヘルツ波など，以前は「サブミリ波」と呼ばれた電波の一区分なのです．テラヘルツの本来の意味からすると，波長が0.3 mmから0.3 μm（つまり300 nm = 3000 Å）の範囲をすべて包括するはずなので，近紫外線や可視光線，通常の赤外線，遠赤外線も一切この中に含まれてしまうはずなのですが，現在のマスコミなどでの取り扱いはこのうちでせいぜい1 mmから100 μmぐらいだけを指しているようです．

=========== Tea Time ===========

コブレンツ伝

ウィリアム・コブレンツは1873年にオハイオ州ノース・リマの貧しい小作農家に生まれました．姓からも推測できるように家族はドイツ系の出で，2歳の時に生母を失ったのですが，2年後に父は後妻を迎えました．新しい母はなかなかよくできた人物であっ

たそうですが，やはり生計は苦しく，そのためにウィリアムはハイスクールに通うこともままならなかったようです．ようやく卒業できたのは1895年，彼が22歳になってからでした．

　ハイスクールを卒業後，彼はケイス応用科学学校（後のケイス工科大学（現 ケイス・ウェスタン・リザーヴ大学）の前身）に進み，4年後に理学士号（物理学）を取得しました．その後，コーネル大学の大学院に入り，1903年にPh.Dを得ました．当時新設されたばかりの国家度量衡標準局（NBS）に採用され，1945年に引退するまで在任したのです．

　コブレンツは以前から天文学に多大の興味をもっていて，有機化合物の赤外吸収スペクトルの研究が一段落した後，1913年に望遠鏡に装着できる熱電堆（thermopile）を発明しました．これは多数の熱電対を直列に接続したもので，熱起電力を何倍にもした出力電圧を得ることが可能となりました．これをリック天文台の望遠鏡に据え付けて，110個以上の恒星，さらには金星，火星，木星からの赤外線輻射を検知・測定するのに成功したのです．のちにはローウェル天文台で，火星表面の昼と夜の温度の測定にも成功し，これから火星の大気についての情報を初めて得ました．

　なお，コブレンツの夫人（キャサリン・ケイト・コブレンツ）はもともとNBSでの同僚であったのですが，後年児童文学者として有名になり，1930～1940年代に多数の著書を刊行しています．

第9講

赤外吸収スペクトルからわかること　その2

●波数範囲ごとの吸収帯

　IRのスペクトルは，いろいろな官能基に対してそれぞれ特徴的な吸収パターンを示すので，すぐれた定性分析の手法として有機化学者に欠かすことのできないものとなっています．有機化合物についてある程度の知識が身についていれば，官能基ごとのスペクトルパターンをもとに，吸収帯の帰属を行って構造を推定するという手法がとられます．これが「分子からの手紙の解読」にあたるわけです．

　でも，まだそれほど「有機化学」に強くない人にとっては，構造式や官能基という言葉自体ですら耳慣れないという方々もおいでのはずです．つまりその昔のように物理化学や有機化学の基礎をきちんと学習済みの学生さんばかりが対象ということはいえなくなってしまいました．とするとこの基礎知識や経験がまだ不足のはずですから，いきなりヴェテランと同じような方式で解析しなさいといわれても，手の打ちようがないことでしょう．

　そこで，いささか型破りにみえるかもしれませんが，スペクトルを波数でいくつかの領域に分けて，その領域ごとにどのような吸収帯が出現するのかをまとめてみることにします．

　図19に示したのはアイスクリームなどの香料などでお馴染みの「バニリン」のIRスペクトルです．ものすごくたくさんのピークがあって，これだけではどこから手をつけていいのか最初は迷わされるのですが，左側から順を追って領域ごとにそれぞれのピークが何に基づくものか（これを「帰属する」といいます）を決めることで，予想外に豊富で貴重な情報が得られるのです．有機化学者がこの便利さに気づいたことで，たちまちのうちに世界中に普及したのもゆえなしとしません．

　今は測定にもFT-IRの装置が普及しましたので，波数にして$4000\,\mathrm{cm}^{-1}$から$400\,\mathrm{cm}^{-1}$までの範囲，つまり昔からの「岩塩領域」がほぼ等波数間隔で記録され

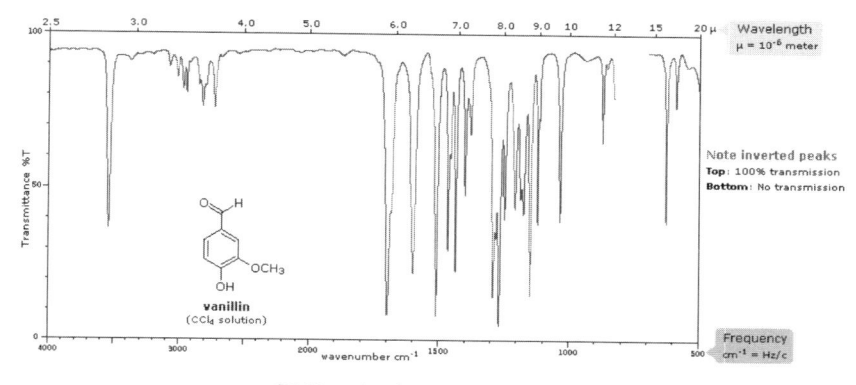

図19　バニリンのIRスペクトル

るようになっていますが，その昔の本当に岩塩プリズムが使われたころは，横軸は波長（ミクロン単位でした）をとって記録するのが普通でした．その後回折格子利用の分光計が使われるようになると，さすがに横軸は波数のものが主となりましたが，測定途中で自動的に光源の切替が行われたりするために，目盛の刻み幅も変わる方式のものもあったのです．でも，比較のために何年も前のスペクトルチャートを参照しなくてはならない場合だって少なくはないのですから，昔風の記録方式にも慣れておいたほうがいいでしょう．スペクトルチャートの横軸の目盛が波数の大きい方から小さい方へと刻まれているのも，もともと波長の短い方から長い方へと記すことが普通であった頃の名残だともいえます．

たとえば田中誠之・飯田芳男両先生の『基礎化学選書・機器分析（三訂版）』（裳華房）の86〜87ページにある「各原子団の赤外吸収スペクトルの特性波数表」をみると，$4000 \sim 2000 \, cm^{-1}$の部分と$2000 \sim 400 \, cm^{-1}$の領域では目盛の刻みが違っている様子がよくわかります．また，吸収帯の表なども，波数と波長の両方で記載されていて，どちらの目盛も現場ではともに使用されていることがわかります．

化学の世界では，一見瑣末にみえる個々の測定データを長年にわたって蓄積したものの価値がきわめて高いのです．これは他の自然科学の諸分野とはかなり違っている点でもあります．たとえば素粒子物理学のように進展の度合いが著しく速いと，「何年も以前の報告など一顧の価値もない！」と一括してゴミ扱いになってしまう分野もあるのですが，化学の場合なら，百数十年以前に先人各位が初め

て手を染めた系を，最先端の機器を活用してあらためて探究対象としたところ，驚くべき結果が得られたという例は珍しくもないのです．論語にある「温故知新」という言葉はまだ十分な生命力を保持しているのです．

19世紀の半ば過ぎ（1859），ブンゼンとキルヒホッフによって炎光分光分析が創始されたのち，いろいろな元素についての発光スペクトルの測定（当時はもっぱら可視領域でしたが）が試みられて，元素とスペクトル線の波長に対応が付けられると（現代風に表現するならば，スペクトルの元素別のデータベースが作られたことになるのですが），この既知のスペクトル集にない新しいスペクトル線が検出されれば，未知の新元素に対応している可能性がきわめて大きいことになります．これを利用してルビジウムとセシウム（重アルカリ金属元素）が発見されたことはいろいろなテキスト類にも記されていますし，のちのメンデレエフ（D. Mendelejev, 1834-1907）による周期表の構築にも強力なサポートとなったことはよく知られています．

赤外吸収スペクトルの場合には，20世紀初頭のコブレンツによる吸収スペクトル測定と化合物の構造との関連づけが，画期的な役割を果たしたといえます．コブレンツは，今日から考えると実に大変な時間と労力（今のような自記記録システムなどまだなかったので，手動で選択した波長ごとに透過率を測定するしかなかった）を費やして，赤外吸収スペクトルを数百種もの化合物について測定したのです．もちろん当時は今日のような構造化学方面からのサポートも不十分だったのですが，やがてこの結果をもとにいろいろと精密な知見が得られるようになりました．部分構造ごとに特定の吸収帯が出現することから，化合物の同定，さらには定量分析すら可能となったのです．

でもいきなり現代最先端の知識を振り回したからといって，優れた結果が得られるとは限らないのです．そのためにはいささか遠回りにみえるかもしれませんが，1枚のスペクトルチャートからできる限り豊富な情報を獲得するための手ほどきみたいなやり方を試みてみようと存じます．

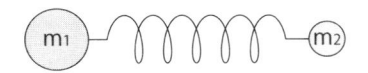

図20 二原子分子モデル

まずもっとも簡単な二原子分子の場合，図 20 のようにバネで結ばれた 2 つの球のようなモデルを考えることができます．

　このような系が振動する場合には「調和振動子」として近似できるので，換算質量 μ（$m_1 m_2/(m_1+m_2)$）を使うと，振動数 ν は

$$\nu = \frac{1}{2\pi}\sqrt{\frac{k}{\mu}}$$

で表現できます．ここで k は力の定数であり，わかりやすくいえばバネの強さ（結合の強さ）を示しています．μ は球（原子）の質量を次の式で表したもので，「換算質量」と呼ばれる量です．

$$\frac{1}{\mu} = \frac{1}{m_1} + \frac{1}{m_2}$$

式をみると，球の質量が大きくなると μ の値も大きくなることがわかります．また結合の強さが大きければ大きいほど，振動数（ν）の値が大きくなることがわかるでしょう．

　二重結合を含むアルケン（-C=C-）と三重結合を含むアルキン（-C≡C-）を比べると，どちらの方が振動数の値が大きくなるでしょうか．当然，三重結合の方が結合が強いのだからアルキンの方が振動数は大きくなります．逆に単結合で結ばれているアルカン（-C-C-）は振動数が小さくなる（低波数となる）ことも予測できます．

　また，重水素置換体（O-D，C-D など）の吸収帯を考えると，O-H の換算質量は 16/17，O-D の換算質量は 16/9 とかなり大きく違います．

　換算質量（μ）に約 2 倍の違いがあるのならば，振動数は $1/\sqrt{2} = 0.7$ 倍になるはずで，実際に重水素でラベルした化合物を測定してみると，ほぼこの予測通りになっていることがわかります．

　換算質量を原子 1 mol あたりの質量（kg 単位）で表したときには，（μ）C-H の結合では換算質量 μ は 0.923×10^{-3} kg となり，k は結合の「力の定数」で，バネの場合のフックの法則の弾性定数に相当するのですが，C-H 結合ではおおよそ 500 N/m，C-C 結合もほぼ同程度であるとされています．C=C では 1000 N/m，C≡C では 1500 N/m 程度となります．

　これから概算すると C-H 結合の振動数は，波数にして約 3000 cm^{-1} となるはずです．

もう少し複雑になった水分子と二酸化炭素分子を例にとって，基準振動のモードを示しておきましょう．水分子の場合には，ウィキペディアに「水の青」（http://ja.wikipedia.org/wiki/水の青）というページがあって，実際に分子の中の各原子の動きを動画で見ることができます．振動のモードを表現するにはよく「ν」とか「δ」という文字が使われますが，「ν」は伸縮振動，「δ」は変角振動を表現しています．

　また，新潟県立大学の本間善夫先生が中心となって作られた「分子振動データ集メニュー――生活環境化学の部屋」（www.ecosci.jp/mva/vib_menu.html）の中に，Jmol版の分子振動データリストがあります．この中に分子振動アニメーションのデータリストがあり，二酸化炭素と水の分子振動も含まれていますので，実際の原子の動きをアニメーションのかたちで見ることが可能です．

　メチレン基（>CH_2）やニトロ基（-NO_2），金属イオン配位した水分子（←OH_2）などの場合には，変角振動にも何種類か異なったモードが現れます．横揺れ（rocking），縦揺れ（wagging），はさみ振動（scissoring），ねじれ振動（twisting），などに分類されますが，それぞれの原子の動き方は，適当なウェブページをご覧ください．ここにはメチレン基で代表される原子団の振動モードが，伸縮振動とともに例示されています．ここで添え字に「s」「as」が付いている場合には，それぞれ対称モードと非対称モードであることを示しています．

　なお，吸収強度を表現するには，前にもちょっと触れましたが「vs」「s」「m」「w」のような記号がよく用いられます．それぞれ「very strong」「strong」「medium」「weak」の略で，強度の大きい方から順に並べてあります．ただこれは単一の化合物についての相対的な強さを示しているだけで，別の化合物との直接の比較をしてもあまり意味はありません．

　それでは，波数ごとにいくつかの領域に区切って，それぞれの場所に出現する，それぞれの官能基や原子団に特有の吸収帯（比較的強度の大きいもの）を概括してみましょう．この領域の区分法も何通りかあるのですが，以下の説明を簡単にするためとりあえず次のようにしてみます．ここに取り上げた吸収帯（バンド）は，前記の強度表現ならば大部分が「s」にあたり，容易に検出できるものです．

━━━━━━━━━━━━━━━━━━━━━ **Tea Time** ━━━━━━━━━━━━━━━━━━━━━

フーリエ

　フーリエとは，フーリエ変換を導き出したフランスの数学者・物理学者ジョセフ・フーリエ（Jean Baptiste Joseph Fourier, 1768-1830）のことです．

　数学・物理学など多方面にわたっての研究業績があり，「フーリエ解析」，「フーリエ級数」，「フーリエ変換」など，現在でも日常的に使われています．

　ナポレオンのエジプト遠征に同行した大科学者団にも，恩師だったモンジュ（G. Monge, 1746-1818；解析幾何学や弾道学の権威）とともに参加しました．彼はこのエジプト滞在でロゼッタストーンを発見してフランスへ持ち帰り，しばらく自室で保管することとなったのです．

　フーリエは行政・外交官としても傑出した技量の持ち主で，エジプトから帰国の後イゼール県知事となりました．在任中は治安の回復や沼沢地の干拓（これは同時に，激しい被害をこの地域にもたらしていたマラリアの一掃にもなった），道路の整備などに功績を上げたことで，後に男爵に叙せられました．

　イゼール県の首府はグルノーブルで，今日でも有名な学都ですが，革命に伴う動乱で荒らされた郷里から避難してきていた，当時まだ12歳だったシャンポリオン（J.-F. Champollion, 1790-1841）もフーリエのサロンに出入りしていて，ロゼッタストーン（ホンモノ）を見せてもらい，ヒエログリフを目にして「自分がいつか読んでみせる！」と宣言したとのことです．実際に彼はその後約20年の歳月をかけてこのヒエログリフの解読に見事成功することになりました．

　フランス革命からナポレオンの帝政，王制復古，百日天下，さらには七月革命など，フーリエが生きた時代は科学者にとっても多難な時代でありましたが，それでも偉大な業績を今日まで残してくれた大先達であります．

図21 ジョセフ・フーリエの肖像［Wikimedia Commons：Louis-Léopold boilly 画］

第10講

波数領域ごとの吸収帯の分類　その1

　中赤外部の高波数の端は通常 4000 cm^{-1} ぐらいとされています．これから低波数側にいくつかの領域を分けてそれぞれの範囲ごとに特徴的な吸収ピークについて略説することにしましょう．通常このように高波数→低波数の向きにスペクトルが描かれるのは，その昔のスペクトルが波長単位で記録されていたころの名残です．

●**領域 A**（波数範囲 4000～3500 cm^{-1}）
　基準振動はほとんど出現しないのですが，あとの領域 F, G に属する吸収帯の高調波（よく音波と同じように「倍音」といいます）の吸収がこの部分に出現することがよくみられます．もっとも大気の赤外吸収の場合など，光路長がべらぼうに長いことが多いので，通常の実験室系ではほとんど検知できない程弱い高調波が出現することは珍しくありません．
　ですから大気の赤外吸収を研究している報告などをみると，3600～3500 cm^{-1} 付近に中心を持つやや幅の広い吸収帯のことを「CO_2 バンド」と記してあったりしますが，これは大気の層は実験室系に比べると桁違いに厚く，何 km にも及ぶので，吸収強度の微弱な高調波（倍音）や結合周波数（結合音）の吸収も観測にかかってくるためです．今の場合の 2.8 μm・3500 cm^{-1} あたりの吸収帯は，縮重している ν_3 と ν_4（666 cm^{-1}）の吸収の第五高調波に相当します．
　なお，水素分子（H_2）の伸縮振動は 4250 cm^{-1} 付近にあるはずなのですが，対称型の二原子分子の場合，このような原子の動きでは双極子モーメントには変化がないので，「赤外吸収不活性」のスペクトルの典型でもあります．

吸収帯（cm^{-1}）	強度	原子団	化合物，官能基
3700〜3600	(s)	O-H　伸縮（希薄・非会合）	アルコール，フェノール（希釈状態）
3550〜3200	(s)	O-H　伸縮	アルコール（会合時）

●領域 B（3500〜3100 cm^{-1}）

　O-H，N-H の伸縮振動．よく「X-H 領域」といわれることも多いのですが（ここの「X」はハロゲンではなく炭素以外の原子（ヘテロ原子）の意味），相手がヘテロ原子でも S-H や P-H の伸縮振動はかなり離れた別の場所に出現します（ν_{P-H} は 2440〜2250 cm^{-1}，ν_{S-H} は 2590〜2550 cm^{-1} 付近．ただしピークの強度は ν_{O-H} に比べると格段に小さいので，通常の「スペクトルの見方」のテキストなどには載っていないことも多いのですが）．

　アルコールやフェノールは水素結合をつくりやすいので，何分子もの会合した状態と，孤立してバラバラに溶解している状態では ν_{O-H} の出現する位置に差があります．

　今の ν_{O-H} の場合，非会合状態の分子の吸収は比較的鋭くて，3500 cm^{-1} よりも高波数側に現れますが，分子間会合などで水素結合が生じている状態のものは，3500 cm^{-1} よりも低波数側にシフトし，幅の広い強度の大きな吸収となる傾向があります．カルボン酸やフェノールの O-H などはこちらのタイプの吸収帯を示すことがむしろ普通です．

吸収帯（cm^{-1}）	強度	原子団	化合物，官能基
3520〜3320	(m-s)	N-H　伸縮（希薄・非会合）	アミン（第一級），芳香族アミン，アミド
3450〜3250	(s)	O-H　伸縮（会合）	アルコール，フェノール（液体，結晶）
3360〜3340	(m)	N-H　伸縮（会合）	第一級アミド
3340〜3250	(s)	≡C-H　伸縮	アルキン
3320〜3250	(m)	O-H　伸縮	オキシム
3300〜3280	(s)	N-H　伸縮	第二級アミド
3300〜3180	(s)	N-H　伸縮	第一級アミド
3300〜2500	(vs, br)	O-H　伸縮	カルボン酸
3200〜3000	(vs, br)	N-H　伸縮	アミノ酸（-NH$_3^+$）
3150〜3000	(m)	C-H　伸縮	芳香族環，不飽和炭化水素

●**領域 C**（3100～2700 cm^{-1}）

C-H の伸縮振動，芳香族環と脂肪族（アルキル基）や脂環式化合物でやや異なり，芳香環の ν_{C-H} は主に 3000 cm^{-1} より高波数側，アルキル基の ν_{C-H} は低波数側に現れることで大ざっぱな区別ができます．

なお，アセチレン同族体（アルキン）の H-C 伸縮振動は，通常の H-C 伸縮振動よりも高波数（3300 cm^{-1}）に出現することが知られています．つまり領域 B の方に現れるのです．

吸収帯（cm^{-1}）	強度	原子団		化合物，官能基
2950～2850	(m-s)	C-H	伸縮	脂肪族，-CH$_3$, -CH$_2$-
2850～2700	(m)	C-H	伸縮	N-メチル基，O-メチル基
2750～2650	(w-m)	C-H	伸縮	アルデヒド基
2750～2350	(vs, 広い)	N-H	伸縮	アミン塩
2720～2560	(m)	O-H	伸縮	リンのオキソ酸（会合）

●**領域 D**（2700～2300 cm^{-1}）

通常の有機化合物の場合，この領域に吸収を示すものはまれなのですが，アミノ酸やアミド酸の場合にはあまり強度の大きくない吸収帯がこのあたりに出現します．そのほか，ヘテロ原子と結合した水素がある場合には，下記のように比較的強度は小さいながら，明瞭な伸縮振動のピークが出現することが知られています．

吸収帯（cm^{-1}）	強度	原子団		化合物，官能基
2600～2540	(w)	S-H	伸縮	アルキルメルカプタン
2410～2280	(m)	P-H	伸縮	ホスフィン

═══════════ **Tea Time** ═══════════

三水素陽イオン

現在のところ，われわれの宇宙は，観測可能の範囲の半径がおよそ 450 億光年の球状

だとされています．この空間の質量の大部分は「ダークエネルギー」と「ダークマター」から構成されていて，われわれに身近な「元素」の中では水素が大部分，その他には，ヘリウムやそのほかの元素が微々たる割合で存在していることになっています．このうち，最大の原子数を誇る水素の割合すら，いろいろな測定結果があって相互にも必ずしも一致していないのですが，最近のところでは質量に換算して4%程度しかないと推算されているようです．

　これらの宇宙空間における原子の存在密度は，平均してみると1 m^3 あたりにしてたかだか10個程度だとされています．しかし，広大な宇宙全体ではその総量は著しいものとなります．水素も大部分は原子状水素の形であり，水素分子となっているものはおおむねそのうちの1%内外だと推定されています．さらに3個の水素原子が結合してできる三水素陽イオン「H_3^+」の存在も以前から示唆されていたのですが，実際に宇宙空間や星間空間で検出されたのは比較的最近になってからです．

　この「H_3^+」は，水素の放電スペクトル中に存在する通常の水素の3倍の質量（正確にはm/e）を持つ粒子として，最初1911年にトムソン（J. Thomson, 1856-1940）によって質量スペクトルを利用して検出されたのですが，分光学的な研究はなかなか進まなかったのです．ようやく1980年になって「H_3^+」の赤外スペクトルの測定が，筆者の大先輩にあたるシカゴ大学の岡　武史教授によって成功し，宇宙空間における探索が開始されました．分光学測定によって，たとえ宇宙の果てに存在する分子やイオンでも，そのスペクトルさえ検知できれば，得られる知見は厖大なものとなるはずです．実験室外（つまり地球の外）では，最初は木星などの巨大惑星の大気上層（熱圏）からの3〜5 μm（波数にして3300〜2000 cm^{-1}）領域の輝線（これは三水素陽イオンの非対称伸縮振動に起因する．中心は2500 cm^{-1} 付近にあるが，振動回転スペクトルの微細構造による広がりがあるためこのぐらいの広い領域になっている）が，1989〜1990年に相次いで観測されました．次いで暗黒星雲（1996年），星間ガス雲（1998年）での存在も報告され，宇宙空間に豊富に存在する分子の1つとして数えられるようになったのです．

　宇宙空間においては，分子状水素「H_2」は上述のように中性水素原子のおよそ1%ほど存在するというデータがあるのですが，この三水素陽イオンはその水素分子のさらに100分の1から1000分の1程度存在していると推定されています．そうしますと，数にして水素原子の1万分の1から10万分の1にあたるわけですが，広大な宇宙空間（前記のように半径約450億光年）を考えると，その体積はざっと 3.3×10^{80} m^3，水素原子の密度が仮に10個/m^3 であるならば，3.3×10^{81} 個，つまりほぼ 5.5×10^{57} mol にあたるで

しょう．その10万分の1，すなわち5.5×10^{50} mol が「H_3^+」の形になっているなら，その質量はざっと1.65×10^{51} g，つまり1.65×10^{45} t にあたります．これは太陽質量のおよそ10^{18}倍，我々の銀河系質量の約10万倍に相当するほどの量です．この宇宙で一番大量に存在している正三角形分子ということになるでしょう．

第11講

波数領域ごとの吸収帯の分類 その2

●領域 E（2300〜1900 cm^{-1}）

三重結合の伸縮振動がおおむねこのあたりに現れます．シアノ（-C≡N）基，アルキンの C≡C（アセチレン構造），アジド（N≡N）原子団などです．シアノ基（ニトリル原子団）の鋭い吸収は特徴的なので，容易に検出可能です．イソニトリル（R-NC）の $\nu_{N≡C}$ もこの領域に現れるのですが，シアノ基よりやや低波数のことが多いようです．

普通にはあまり目にしないかもしれませんが，一酸化炭素分子（CO）では ν_{CO} は 2150 cm^{-1} に吸収を示します．ガス分析などで利用されるのですが，金属に配位した CO 分子は，末端，架橋，面冠など結合状態によってかなり低波数側の異なった位置に吸収が出現するのですぐには見当がつかないこともあります（もっとも，ある程度眼力がつけば，強力な構造推定のツールとなります）．

吸収帯（cm^{-1}）	強度	原子団	化合物，官能基
2300〜2230	(m)	N≡N 伸縮	ジアゾニウム塩（水溶液）
2285〜2250	(s)	N=C=O 伸縮	イソシアナート対称伸縮
2260〜2200	(s)	C≡N 伸縮	ニトリル
2260〜2190	(w-m)	C≡C 伸縮	アルキン（二置換）
2190〜2130	(m)	C≡N 伸縮	チオシアナート
2175〜2115	(s)	N≡C 伸縮	イソニトリル
2160〜2080	(m)	N=N=N	アジド
2140〜2100	(m)	C≡C 伸縮	アルキン（一置換）
2000〜1650	(w)	C-H 伸縮	置換芳香環（結合音，倍音）
1980〜1950	(s)	C=C=C 伸縮	アレン逆対称伸縮

●領域 F（1900〜1600 cm^{-1}）

>C=O，つまりカルボニル原子団を含む化合物（アルデヒド，ケトン，カルボ

ン酸, ハロゲン化アシルなど) はこの領域に特徴的な $\nu_{C=O}$ の吸収帯を持っています. 詳しくみてゆくと, それぞれに多少の違いがあるので, 経験者にはどの官能基由来か識別できるようになりますが, 最初のうちは既知の化合物についてのデータ (パターン認識?) をきちんとみておく方が大事だろうと思います.

このほかにアルケンの二重結合 (C=C 原子団) やアゾメチン (>C=N-), アゾ基 (-N=N-) などの伸縮振動もこの付近に出現します.

吸収帯 (cm^{-1})	強度	原子団		化合物, 官能基
1870〜1850	(s)	C=O	伸縮	β-ラクトン
1870〜1790	(vs)	C=O	伸縮	酸無水物
1870〜1650	(vs)	C=O	伸縮	金属カルボニル化合物
1820〜1800	(s)	C=O	伸縮	ハロゲン化アシル
1780〜1760	(s)	C=O	伸縮	γ-ラクトン
1765〜1725	(vs)	C=O	伸縮	酸無水物 (sym)
1760〜1740	(vs)	C=O	伸縮	α-ケトエステル
1750〜1740	(vs)	C=O	伸縮	エステル
1750〜1730	(s)	C=O	伸縮	δ-ラクトン
1740〜1720	(s)	C=O	伸縮	アミド
1740〜1720	(s)	C=O	伸縮	ハロゲン化アシル
1740〜1720	(s)	C=O	伸縮	アルデヒド基
1740〜1690	(s)	C=O	伸縮	ケトン
1740〜1690	(s)	C=O	伸縮	カルボン酸
1690〜1640	(s)	C=N	伸縮	オキシム
1690〜1630	(s)	C=N	伸縮	アゾメチン
1680〜1635	(s)	C=O	伸縮	尿素
1680〜1540	(m-s)	C=C	伸縮	アルケン
1680〜1630	(vs)	C=O	伸縮	第二級アミド
1680〜1620	(s)	C=O	伸縮	第一級アミド
1680〜1610	(s)	N=O	伸縮	ニトリト基 (R-ONO)
1670〜1650	(vs)	C=O	伸縮	第一級アミド
1670〜1640	(vs)	C=O	伸縮	ベンゾフェノン
1670〜1630	(vs)	C=O	伸縮	第三級アミン
1655〜1635	(vs)	C=O	伸縮	β-ケトエステル
1650〜1620	(w-m)	N-H	変角	第一級アミド
1650〜1580	(m-s)	NH_2	変角	第一級アミン
1640〜1580	(s)	NH_3	変角	アミノ酸 ($-NH_3^+$)
1640〜1580	(vs)	C=O	伸縮	β-ジケトン (エノール形)
1630〜1570	(s)	N=N	伸縮	アゾ基
1620〜1600	(s)	C=C	伸縮	ビニルエーテル

●領域 G （1600〜1500 cm^{-1}）

　ベンゼンやナフタレンなどの芳香族環の C-C 結合（見かけ上は単結合と二重結合の中間（1.5 重結合と呼ばれる向きもありますが）の伸縮振動のほか，カルボン酸のイオンやニトロ化合物などの特徴的な吸収がこの領域に出現します．

吸収帯（cm^{-1}）	強度	原子団	化合物，官能基
1615〜1590	(m)	環の伸縮	ベンゼン環
1615〜1565	(s)	環の伸縮	ピリジン誘導体
1610〜1580	(s)	NH$_2$ 変角	アミノ基（アミノ酸）
1610〜1560	(vs)	COO$^-$ 逆対称伸縮	カルボン酸イオン
1590〜1580	(m)	NH$_2$ 変角	アルキル第一級アミド（アミド II 吸収帯）
1575〜1545	(vs)	NO$_2$ 逆対称伸縮	脂肪族ニトロ化合物（R-NO$_2$）
1565〜1475	(vs)	NH 変角	アルキル第二級アミド（アミド IiI 吸収帯）
1560〜1510	(s)	環の伸縮	トリアジン化合物

= Tea Time =

フーリエ解析とラジオ放送

　フランスの数学者・物理学者ジョセフ・フーリエの数ある業績の1つで，今日でも身近に使われる「フーリエ解析」は，大づかみに表現すると，「あらゆる関数を三角関数からなる級数の和として表現（これをフーリエ変換という）できる」ということです．つまり関数を周波数成分に分解して調べることにあたります．ほとんどあらゆる関数は周期関数の和のかたちで表せるということになるでしょう．なお，フーリエ変換をある有限区間上の関数を対象として行った場合には「フーリエ展開」というのです．

　現在ではフーリエ変換はもっぱらコンピュータ利用によるディジタル方式で行われていますが，もちろんアナログ方式のフーリエ変換もあり，身近な例としてはラジオ放送（中波，AM 放送）の送受信が挙げられます．放送局からの電波は，搬送波（キャリヤ）を音声信号で振幅変調した形で送られてきます．これをアンテナでキャッチして増幅後，検波回路（非線形回路）に通すと，搬送波成分と音声信号成分とに分けることができますが，このうちの音声信号成分（低周波信号）だけを分けてあとの増幅回路へ伝えているのです．つまり受信した電波を周波数成分ごとに解析していることになります．三角関数の学習で最初に教わる「加法定理」は，その一番簡単な例にほかなりません．

第12講

波数領域ごとの吸収帯の分類　その3

● 領域 H（1500〜1000 cm^{-1}）

　アルコールやエーテルなどの C-O 単結合もこのあたりに吸収帯を持っています．アルキル基にたくさん含まれている C-C 結合の伸縮振動（ν_{C-C}）はこのあたりに現れるはずなのですが，強度があまり大きくないことと他の振動モードとの結合音が多数存在することから，細かい帰属の特定はかなり難しくなっており，化合物それぞれに個性のあるパターンとなるので，あとの「領域 I」とあわせて，よく「指紋領域」などと呼ばれます．

　硫酸塩やリン酸塩，およびこれらのエステルなどはこの領域に特徴ある吸収帯（かなり強度も大きい）を示すので容易にそれとわかります．どちらも金属イオンに配位した場合には，低波数側にかなり大きなシフトを示すことも同じです．

吸収帯（cm^{-1}）	強度	原子団	化合物，官能基
1550〜1490	(s)	NO$_2$　非対称伸縮	芳香族ニトロ化合物
1530〜1490	(s)	NH$_3^+$　変角	アミノ酸ハロゲン化水素酸塩
1530〜1450	(m-s)	N-N-O　逆対称伸縮	アゾキシ化合物
1515〜1485	(m)	環の伸縮	芳香環（ベンゼン環）
1475〜1450	(vs)	CH$_2$　はさみ振動	脂肪族メチレン基
1465〜1440	(vs)	CH$_3$　変角	脂肪族メチル基
1450〜1400	(vs)	S=O　非対称伸縮	硫酸エステル
1450〜1400	(m)	C-C　伸縮	芳香族化合物
1400〜1370	(m)	C-N　伸縮	脂肪酸第一級アミド III
1400〜1370	(m)	CH$_3$　変角	t-ブチル基
1400〜1310	(s 広幅)	OH　面内変角	カルボン酸イオン
1400〜1300	(s)	COO$^-$　対称伸縮	カルボン酸イオン
1390〜1360	(vs)	SO$_2$　逆対称伸縮	スルホン
1380〜1370	(s)	CH$_3$　対称伸縮	脂肪族メチル
1380〜1360	(m)	CH$_3$　変角	イソプロピル基
1375〜1350	(s)	NO$_2$　対称伸縮	脂肪族ニトロ化合物

1350〜1335	(vs)	SO$_2$ 対称伸縮	スルホンアミド
1350〜1280	(vs)	NO$_2$ 対称伸縮	芳香族ニトロ化合物
1335〜1295	(m-s)	N=N-O 対称伸縮	アゾキシ化合物
1330〜1310	(vs)	SO$_2$ 逆対称伸縮	スルホン
1310〜1200	(m-s)	CF$_3$ 逆対称伸縮	芳香環に結合したCF$_3$基
1300〜1200	(vs)	N-O 伸縮	ピリジン N-オキシド
1300〜1175	(vs)	P=O 伸縮	リン酸塩，リン酸エステル
1300〜1000	(vs)	C-F 逆対称伸縮	脂肪族フッ素化合物
1285〜1240	(vs)	C-O 伸縮	アルキルアリールエーテル
1280〜1250	(vs)	CH$_3$ 変角	メチルシラン
1280〜1240	(m-s)	C-O 伸縮	エポキシド
1280〜1180	(s)	C-N 伸縮	芳香族アミン
1255〜1240	(m)	骨格振動	t-ブチル基
1245〜1155	(vs)	S=O 伸縮	スルホン酸
1240〜1070	(s-vs)	C-O-C 伸縮	エーテル，エステル
1230〜1100	(s)	C-C-N 変角	アミン
1230〜1150	(s)	S=O 対称伸縮	硫酸エステル
1225〜1200	(s)	C-O-C 伸縮	ビニルエーテル
1200〜1165	(s)	SO$_2$ 対称伸縮	スルホニルクロリド
1200〜1015	(vs)	C-OH 伸縮	アルコール
1170〜1145	(vs)	SO$_2$ 対称伸縮	スルホンアミド
1170〜1140	(s-vs)	SO$_2$ 対称伸縮	スルホン
1160〜1100	(m)	C=S 伸縮	チオカルボニル化合物
1160〜1120	(s)	S=O 対称伸縮	スルフィン酸
1150〜1070	(vs)	C-O-C 伸縮	脂肪族エーテル
1120〜1080	(s)	C-OH 伸縮	アルコール（第二級，第三級）
1120〜1030	(s)	C-N 伸縮	脂肪族第一級アミン
1100〜1000	(vs)	Si-O-Si 逆対称伸縮	シロキサン
1080〜1040	(s)	SO$_3$ 対称伸縮	スルホン酸
1075〜1020	(vs)	C-O-C 対称伸縮	エーテル（芳香族）
1065〜1015	(s)	C-OH 伸縮	CH-O-H 環状アルコール
1060〜1045	(vs)	S=O 伸縮	アルキルスルホキシド
1060〜1025	(vs)	C-OH 伸縮	第一級アルコール
1055〜915	(vs)	P-O-C 逆対称伸縮	有機リン酸エステル
1050〜990	(vs)	P-O-C 伸縮	リン酸エステル
1030〜950	(w)	炭素環の反転	脂肪式化合物
1000〜950	(s)	=CH 面外変角	ビニル化合物

● 領域 I（1000〜400 cm^{-1}）

　有機化合物の場合には，この領域 I と 1 つ前の領域 H とを一緒にして「指紋領域」と呼ぶことが多いようです．化合物それぞれに特徴的なパターンを示すので

すが，官能基ごとの振動の帰属が難しい場合も多いので，「指紋」的な扱いがメインになります．

ベンゼン環を含む化合物の場合，置換基の位置によって，この領域のスペクトルにいくつかのパターンが現れることが知られています．異性体の識別，定量などに役立つのですが，詳しくはあとで紹介する実例をご参照下さい．

吸収帯（cm^{-1}）	強度	原子団	化合物，官能基
980～950	(vs)	=CH 面外変角	trans-二置換アルケン
950～900	(vs)	CH$_2$ 面外縦揺れ	ビニル化合物
920～850	(s)	N-O 伸縮	ニトリト基（R-ONO）
900～865	(vs)	CH$_2$ 面外縦揺れ	ビニリデン化合物
900～675	(m)	C-H 面外変角	芳香族化合物
890～805	(vs)	NH$_3$ 縦揺れ	第一級アミン
860～760	(vs)	C-H 面外変角	ベンゼン置換体，1,2,4-
860～720	(vs)	Si-C 伸縮	有機ケイ素化合物
850～830	(vs)	C-H 面外変角	ベンゼン置換体，1,3,5-
850～810	(vs)	Si-CH$_3$ 横揺れ	メチルシラン類
850～790	(m)	C-H 面外変角	三置換エチレン
850～550	(m)	C-Cl 伸縮	有機塩素化合物
830～810	(vs)	C-H 面外変角	ベンゼン置換体，p-
825～805	(vs)	C-H 面外変角	ベンゼン置換体，1,2,4-
820～800	(s)	C-H 面外変角	トリアジン類
815～810	(s)	CH$_2$ 縦揺れ	ビニルエーテル
810～790	(vs)	C-H 面外変角	ベンゼン置換体，1,2,3,4-
800～690	(vs)	C-H 面外変角	ベンゼン置換体，m-（二重線）
785～680	(vs)	C-H 面外変角	ベンゼン置換体，2,3-（二重線）
775～650	(m)	C-S 伸縮	スルホニルクロリド
770～690	(vs)	C-H 面外変角	ベンゼン置換体（一置換体）（二重線）
760～740	(s)	C-H 面外変角	ベンゼン置換体，o-
760～510	(s)	C-Cl 伸縮	塩化アルキル
740～720	(w-m)	-CH$_2$- 横揺れ	メチレン鎖
730～665	(s)	C-H 面外変角	シス二置換アルケン
720～600	(s, br)	Ar-OH 面外変角	フェノール
710～570	(m)	C-S 伸縮	スルフィド
700～590	(s)	O-C=O 変角	カルボン酸類
700～600	(s)	C≡C-H 変角	アルキン
695～635	(s)	C-C-CHO 変角	アルデヒド基
680～620	(s)	C-O-H 変角	アルコール
680～580	(s)	C≡C-H 変角	アセチレン類の≡C-H
650～600	(w)	S-C 伸縮	S-C≡N（チオシアネート）
650～600	(s)	NO$_2$ 変角	脂肪族ニトロ化合物

650〜500	(s)	CF₃　変角	Ar-CF₃
650〜500	(s)	C-Br　伸縮	有機臭化物
645〜615	(m-s)	面内変角	ナフタレン環
645〜575	(s)	O-C=O　変角	エステル
640〜630	(s)	-CH=CH₂　変格	ビニル基
635〜605	(m-s)	面内変角	ピリジン環
630〜570	(s)	N-C=O　変角	アミド
630〜565	(s)	C-CO-C　変角	ケトン類
615〜535	(s)	C=O　面外変角	アミド
610〜565	(vs)	SO₂　変角	スルホニルクロリド
610〜545	(m-s)	SO₂　はさみ振動	スルホン
600〜465	(s)	C-I　伸縮	有機ヨウ素化合物
580〜820	(m)	NO₂　変角	芳香族ニトロ化合物
580〜530	(m-s)	C-C-CN　変角	ニトリル
580〜430	(s)	環の変形	シクロアルカンの環
580〜420	(m-s)	環の面内，面外変角	ベンゼン誘導体
570〜530	(vs)	SO₂　横揺れ	スルホニルクロリド
565〜520	(s)	C-C=O　変角	アルデヒド類
565〜440	(w-m)	炭素鎖　変角	長鎖アルキル
560〜510	(s)	C-C=O　変角	ケトン類
560〜500	(s)	-CO₂　横揺れ	カルボキシル基（アミノ酸）
555〜545	(s)	=CH₂　ねじれ	ビニル基
550〜465	(s)	O-C=O　変角	カルボン酸類
545〜520	(s)	面内変角	ナフタレン環
530〜470	(m-s)	NO₂　横揺れ	有機ニトロ化合物
520〜430	(m-s)	C-O-C　変角	エーテル
510〜400	(s)	C-N-C　変角	アミン類
490〜465	(m-s)	面外変角	ナフタレン環
440〜420	(s)	Cl-C=O　面内変角	塩化アシル
405〜400	(s)	S-C≡N　変角	S-C≡N（チオシアネート）

　ケトンやアルデヒド，エステルなどの C=O 伸縮振動は，共役系，および芳香族誘導体の場合には低波数側に出現することが多いのですが，前述の調和振動子モデルを考えたとき，共有結合に関与している電子の数が，非局在化のために見かけ上減少していることを示しているともいえます．「結合次数が低下した」という表現を好む向きもあるようです．また，金属イオンに配位した場合にも，同じように低波数側へのシフトがみられますが，その大きさは錯体によってかなり大きく違ってきます．

=========================== Tea Time ===========================

金星の雲の成分

　今までに取り上げてきた吸収帯のほとんどは有機化合物の官能基由来のものでした．そのために無機化合物の分野では赤外吸収スペクトルはほとんど役に立たないと思われている方々の数は決して少なくはないようです．単純なイオン結晶（塩化ナトリウムや臭化カリウムなど）では，結晶格子の振動が出現するのはかなりの低波数領域なので，こう思われるのも無理からぬことではあります．

　でもそれほど華々しくはありませんが，いろいろな対象の赤外吸収スペクトルから成分が判明したという例は結構たくさんあります．この場合に対象となるのは多原子イオンや錯イオンなどで，また，金属イオンへ配位することでピークの位置が大きくずれることから，さまざまな貴重な情報を得ることも可能です．

　その中でも有名なのは，金星の厚い大気を覆っている雲の成分が「75％硫酸」であることが赤外吸収スペクトルで解明されたことでしょう．

　もう半世紀ほどの以前から，ロシア（当時はソヴィエトでしたが）が金星探査機のヴェネラをいくつも打ち上げ，そのうちのいくつかは確かに金星に届いたものの，大気圏を通過して地表に到達するよりも前に，高圧の大気のためにつぶれて破壊されてしまい，予想外の状況にあることがだんだんとわかってきました．ヴェネラプロジェクトも最後の方では高圧に十分耐える観測機によって，金星地表まで到達して観測データを地球まで送ることが可能となりましたが，何しろ想像を絶する過酷な環境で，それほど長期間にわたる観測ができぬうちに破壊されてしまいました．それでも大気は主成分の二酸化炭素（96％）と窒素（3％強），圧力，温度もそれまでの想像よりはずいぶんかけ離れた値であることがわかりました．

　この厚い大気を覆っている雲の成分も長いこと謎だったのですが，赤外スペクトルとレーダーの偏波測定（よく「偏光の測定」と記した報告がありますが，レーダーは電波を測定するので，この場合には英語は同じ「polarimetry」でも「偏波測定」という訳語が使われることになっています）の結果から，この雲は75％硫酸でできていることが判明しました．赤外スペクトルは，3〜4 μmの領域（ν_{O-H}）の部分と，8〜13 μmの領域（H_2SO_4の$\nu_{S=O}$，および$\delta_{(SO_3)}$）の吸収が，実験室で調製した75％硫酸とほとんど一致したと報告されています（参考文献：A. T. Young, 1973, *Icarus*, **18**(4), 564-582）.

第13講

類縁化合物のスペクトルの例

　直鎖の炭化水素の例として，オクタン（C_8H_{18}）の IR スペクトルを調べてみましょう（図22）．この炭化水素分子には，両端のメチル基（$-CH_3$）と中間のメチレン（$-CH_2-$）鎖だけが含まれていますから，化学結合としては C-H 結合（メチル基，メチレン基），の伸縮振動，H-C-H（メチル基，メチレン基）の変角振動，C-C 結合だけを考えればいいはずです．

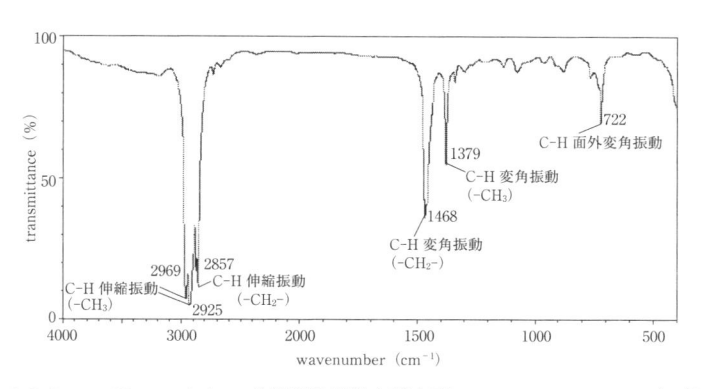

図22 オクタンの IR スペクトル［産業技術総合研究所 SDBS データベース（一部改変）］

　このスペクトルは，図23に示した流動パラフィン（ヌジョール）とよく似ています．つまりどちらも長鎖の炭化水素を成分とする液体であることがわかるのです．ですから，アルキル基などが含まれていることが前もってわかっている場合には，試料を KBr ディスク（錠剤）にせず，ヌジョール・ムル法によっても十分な情報が得られるはずです．

　あとのナイロンの例でも，類縁化合物では官能基がほぼ同じなので，それぞれの判別は，赤外スペクトルだけに頼っていると大変に難しくなります．このよう

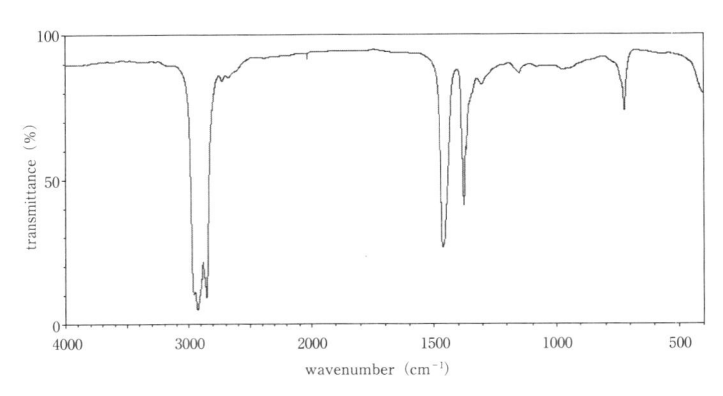

図 23 流動パラフィンの IR スペクトル［産業技術総合研究所 SDBS データベース（一部改変）］

な場合には他の物性値や試験法を併用することで対象物を確定に導くこととなります．このような必要性が生じるのは司法化学（裁判科学）などでの証拠物件などの場合でしょう．熱分解や質量分析そのほか，近代的な機器分析手法の活躍する分野でもありますが，赤外吸収スペクトルで大ざっぱでもグループが絞れるだけで，以後の探索にはずいぶん強力な助けとなってくれるのです．

流動パラフィンは各国の薬局方にも採録されている潤滑剤で，塗布剤や軟膏などの配合材料や，化粧品材料となるほか，内服用（便秘などに処方される）でもありました．これについては第 7 講の Tea Time をもご参照下さい．

=============================== **Tea Time** ===============================

司法化学（裁判科学）と赤外吸収スペクトル

あとの「データベース」の所でもふれますが，塗料や被覆材料，プラスチック製品などは，単純な一成分系ではなくて，複雑なブレンド製品の場合がほとんどです．事故などの場合に塗料の微小な破片が鑑識用試料として提供される場合が少なくないのですが，その場合にもこの赤外スペクトルは強力なツールとして確認・同定に役立っています．もちろんそのためには，自動車業界そのほかの協力を得て，標準試料の提供を受けて，赤外吸収以外にも EPMA（電子線マイクロアナライザ）や粉末 X 線回折，その他の最

新機器分析データの集積が必要なのですが，混合物の場合にはどのような成分がどのぐらい含まれているのかが大事なので，このような官能基ごとの吸収帯のデータの解釈が重視されることになるのです．

第14講

反応段階の追跡とスペクトルの変化　その1

●ナイロン-6 の合成過程

　一連の化学反応の各段階での中間生成物の赤外吸収スペクトルを順に眺めてみると，どのように便利で重要なのかがおわかりいただけるかと思います．ここでは皆様にもお馴染みのナイロン-6 の合成ステップを例にとって，赤外吸収スペクトルと対応させながら解説してみましょう．

　ナイロン-6 の原料となる ε-カプロラクタムは，以前はフェノールを出発原料として，水素添加でシクロヘキサノール（アノール）とし，これを酸化してシクロヘキサノン（アノン）に変え，これとヒドロキシルアミンとの反応でシクロヘキサノンオキシムをつくらせた後，ベックマン転位によってカプロラクタムを得るという方法で合成されていました．つまり図 24 のような順序となるわけです．

　現在の工業的製法では，新しい触媒の導入の結果，もっとステップ数の少ない（同時に副産物の量も大幅に減らした）合成法が採用されています．これについては Tea Time をご参照下さい．

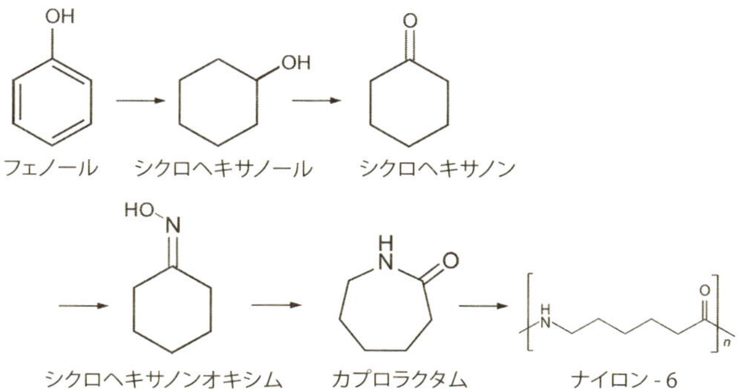

図 24　ナイロン-6 の合成ステップ

ですが，ここでは説明の便利のために昔ながらの合成法と，中間に生成する化合物の IR スペクトルとを対応させながら話を進めることにします．

　官能基が変化して別のものになると，それぞれに固有の赤外吸収ピークが現れたり消えたりすることで，本当に反応が期待通りに進行しているのかどうかが簡単に判明しますし，反応原料と目的物の両方のスペクトルがわかっていれば，反応容器の内容を一部採取して IR 測定を行うことで，現在の反応の進行度合いをチェックすることも，以前と比べるとはるかに簡単・確実に行えるようになったことがおわかりいただけるかと思います．

　これはスケールが大きくなった化学工業の世界では大問題で，限られた量の原料物質から，できるだけ効率よく目的とする生成物を得ることが求められるのです．「コストはいくらかかってもいいがとにかくわずかでも手に入れたい」という場合は，軍需用などでは皆無ではありませんが，まあ珍しいケースでしかありません．研究室でのベンチスケールの実験とは違って，工業生産においてはコストパフォーマンスの向上が望まれるわけですし，副生成物も少ないに越したことはありません．不要な副生産物の処理にかかる費用だって無視できないほどの額になり，近隣某国の化学工場のように，こちらの経費をケチるために，排水が七色の川と化してあたりに公害をまき散らしっぱなしというのは，現代ではもはや許容される範囲を超えてしまっています．（もっとも，ものによっては最初は邪魔者扱いだった副産物が，予期せぬ用途がひらけて主客逆転となった例もそれほど珍しくはないのですが．）

================== **Tea Time** ==================

カプロラクタムの現在の製造法

　現在のカプロラクタムの工業的製造法では，シクロヘキサノンを特殊な触媒（TS-1（MFI 型チタノケイ酸ゼオライト））の存在下で過酸化水素とアンモニアと反応させていきなりシクロヘキサノンオキシムとし，さらに別の触媒（MF-I ゼオライト）を用いて気相反応でベックマン転位を行わせてカプロラクタムとする手法が用いられています．以前の方法だと，オキシムをつくるステップ（硫酸ヒドロキシルアミンを用いる）と，

ベックマン転位に必要となる発煙硫酸の両方の試薬から大量に副生する硫酸アンモニウム（硫安）の処理が問題だったのですが，これが一挙に解決されてしまったのです．つまり「硫安フリー合成法」で，わが国の住友化学の誇るべき発明として 2005 年に第 1 回経済産業大臣表彰「ものづくり日本大賞」を受賞した，世界に誇るべき成果です．

もともと旧製造法の際に副生する硫酸アンモニウムには，肥料としての大きな需要があったのですが，他の方法による合成の方がずっと低コストですむために，この副生硫安はかえって厄介なものとなっていました．

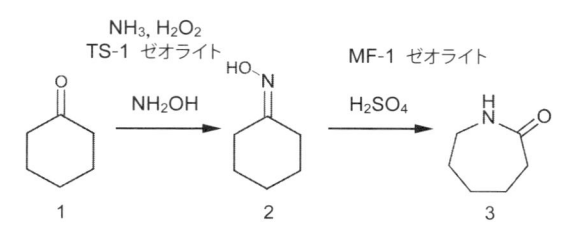

図 25　カプロラクタムの現在の製造法

第15講

反応段階の追跡とスペクトルの変化 その2

●フェノール→シクロヘキサノール

　ナイロン合成の最初の出発原料であるフェノール（石炭酸）のIRスペクトルは，液膜試料の場合と溶液試料の場合，さらに錠剤整形した試料（KBrペレット）などのかたちで測定することが可能で，国立研究開発法人 産業技術総合研究所（産総研）のSDBSデータベースの赤外吸収スペクトルにも，標準的に得られるデータとして，これらそれぞれのスペクトルが採録されています．ここではあとの中間体との比較が便利なように，液膜試料のスペクトルを取り上げることにし

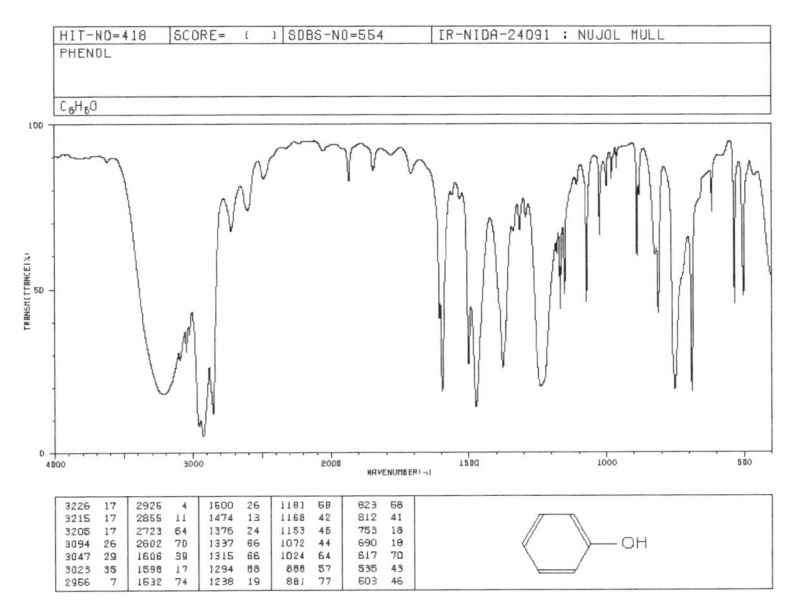

図26　フェノールのIRスペクトル［産業技術総合研究所SDBSデータベース；図27～30も同様］

ます．

　スペクトルの左端からみていくと，最初に吸収極大 3200 cm^{-1} の大きな吸収バンドがあることがわかります．これはフェノールの O-H 原子団の伸縮振動によるもので，幅が広いのは何分子かが会合している結果です．その結果，ベンゼン環の C-H 結合の伸縮振動（$\nu_{\text{C-H}}$）は 3100〜3000 cm^{-1} 付近に小さな細い何本かの吸収線として現れているだけです．これは $\nu_{\text{O-H}}$ の強度と幅が大きくなっているためです．

　水素結合を形成しないような溶媒（非会合性溶媒）で希釈した溶液だと，フェノールの $\nu_{\text{O-H}}$ は 3600 cm^{-1} にシャープな線として現れ，$\nu_{\text{C-H}}$ も他の吸収帯で隠されることがないのではっきりと識別することができますが，強度がずっと弱いので，希薄溶液の場合など注意しないと見過ごしてしまうかもしれません．

　会合していない状態のフェノールの赤外吸収スペクトルを測定するには，二硫化炭素か四塩化炭素などの非会合性の液体に，濃度にして 0.1〜1％（w/v）の条件にしなくてはなりませんが，こうすると，先程の 3200 cm^{-1} の大きな幅広い吸収が消えて，3580 cm^{-1} 付近に $\nu_{\text{O-H}}$ がシャープな吸収として観測可能となります．

　炭素骨格（芳香環）の伸縮振動に由来するピークは 1700 cm^{-1} と 1500 cm^{-1} のところに比較的強い一対の吸収として現れます．ここでは 1600 cm^{-1} と 1500, 1474 cm^{-1}（この 2 本の吸収は，時にはまとまって 1 本の吸収バンドに見えることもあります）に現れているのがそれです．

　1230 cm^{-1} 付近にある強い吸収は，アルコールやフェノールに共通している構造の $\delta_{\text{C-O-H}}$ によるものです．

　あと，芳香族環（今の場合ならフェニル基）の特徴的なパターンがみられるのは 800〜650 cm^{-1} の領域で，今の場合だと，753 cm^{-1} と 680 cm^{-1} の比較的強度の大きな二重線として面外変角振動 $\delta_{\text{C-H}}$ が観測されます．これはベンゼン環の一置換体に特徴的なパターンです．

　さて，フェノールに水素添加をしてシクロヘキサノールに変えたときの IR スペクトルはどうなるでしょうか．図 27 をご覧下さい．

　同じように液膜試料の IR スペクトルを産総研の SDBS データベースを検索して表示してみます．さきほどのフェノールのスペクトルと比較してみると，よく似ている部分と大きく違っている部分があることがよくわかります．

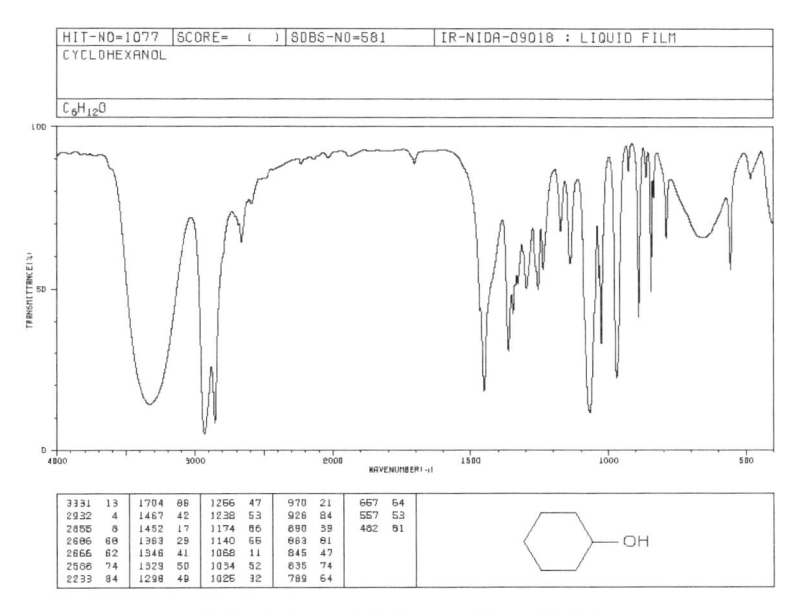

3331	13	1704	86	1266	47	970	21	657	54
2932	4	1467	42	1238	53	926	84	557	53
2855	6	1452	17	1174	86	890	39	462	81
2686	60	1363	29	1140	55	863	81		
2666	62	1346	41	1068	11	845	47		
2566	74	1329	50	1054	52	835	74		
2233	84	1298	49	1026	32	789	64		

図27 シクロヘキサノールのIRスペクトル

さきほどのフェノールのスペクトルと同じように，高波数側から順にみてゆくことにしましょう．最初のピークは 3300 cm^{-1} 付近にある幅の広い強度の大きな吸収ですが，これはフェノールの場合と同じような ν_{O-H} の会合した状態のスペクトルです．その先の 2950〜2800 cm^{-1} のところにある比較的幅の狭い吸収帯は，シクロヘキサン環のメチレン基（-CH$_2$-）の ν_{C-H} にあたります．芳香族環の C-H よりも低波数側に移動しているので見やすくなっています．

その先のベンゼン環の C-C 伸縮由来の 2 本線がなくなって，1450 cm^{-1} と 1382 cm^{-1} 付近にフェノールにはなかった鮮やかな吸収がみられますが，このうち 1450 cm^{-1} はシクロヘキサン環の-CH$_2$-原子団の「はさみ振動」，つまり 2 本の C-H 結合が開いたり閉じたりする運動に対応しています．フェノールにはなかった新しい構造の存在がよくわかります．1380 cm^{-1} のピークは δ_{C-C-H}，つまり炭素骨格とその一端に結合している水素との三原子の変角振動にあたるものです．

もう 1 つのユニークな吸収帯は，1100 cm^{-1} に出現している強度の大きな吸収帯ですが，これは第二級アルコールに特徴的なバンドです．他のアルコールの場

合，第一級アルコールだともっと高波数に，第三級アルコールだともっと低波数側に現れるのです．でもこれが一見してわかるようになるにはやはり，ある程度経験を積まなくては無理なので，とりあえず ν_{C-OH} であることだけを指摘しておきましょう．

あと，フェノールの芳香環の面外変角振動は，シクロヘキサノールには当然ながら芳香環など含まれていませんから，こちらでは消えてしまっています．

大体，有機化合物の場合に骨格をなしている炭素-炭素結合の赤外部の吸収は，本来の伸縮振動よりも他のモードの基準振動との結合音の方が強度が大きくなる傾向があるようで，それ自体では化合物のキャラクタリゼーションにはあまり役立たないことが多いのですが，今の場合のように，芳香環とシクロヘキサン環のように同じ六員環であっても結合様式が違ってくると，その吸収のパターンは顕著に異なるので，構造の変化をはっきりと認識することが可能となるのです．

=========== Tea Time ===========

交互禁制律と金属原子に配位したときの赤外吸収スペクトル

第7講の「気体試料の測定」のところでもふれましたが，我々を取り巻く地球の大気は，大部分が窒素と酸素，次いでアルゴンからできています．このうち，アルゴンやその他の希ガス（貴ガス）は単原子分子ですから化学結合をつくらず，したがって赤外吸収とは無縁の元素ですが，窒素や酸素は二原子分子なので，両原子を結ぶ化学結合の伸縮振動が赤外部分に吸収スペクトルを示してもいいように思われます．

でも，赤外吸収は光の電場と分子の双極子モーメントの相互作用の結果として生じるエネルギーの吸収をみているわけで，もともと双極子モーメントを持っていない対称二原子分子は，相互作用を起こそうにもエネルギー吸収ができないのです．つまり赤外吸収不活性のスペクトル線はラマンスペクトルには強度の大きな線として，逆に赤外スペクトルで顕著な吸収線を与える振動モードは，ラマンスペクトルにはほとんど出現しません．これを「交互禁制律」というのですが，もっと構成原子数の多い分子でもほぼ同じような関係が成立します．もっとも多原子分子の場合には，両方ともに活性で強度が異なるという場合もあるのですが．

ただ，このような対称二原子分子でも，片方だけが金属原子に配位したりすると，対

称性が崩れるわけで，小さいながらも極性を持つようになり，赤外部に吸収ピークが出現することになります．有名な例としてはオキシヘモグロビン（HbO$_2$）で，ヒトの赤血球を試料として気体状酸素（^{16}O$_2$ と ^{18}O$_2$），および酸素 ^{16}O$_2$ と一酸化炭素 CO とに露曝させたときの赤外吸収スペクトルから，鉄(II)に配位した酸素分子の伸縮振動が 1107 cm^{-1} に出現することが確定されています．（この報文の書誌事項は下記の通り：C. H. Barlow, J. C. Maxwell, W. J. Wallace, and W. S. Caughey, 1973, *Biochem. Biophys. Res. Commun.*, **55**(1), 91-95)

第16講

反応段階の追跡とスペクトルの変化　その3

●シクロヘキサノン→シクロヘキサノンオキシム

さて，次にはシクロヘキサノールを酸化して得られる環状ケトンのシクロヘキサノンのスペクトルと，元のシクロヘキサノールのスペクトルを比べてみます．

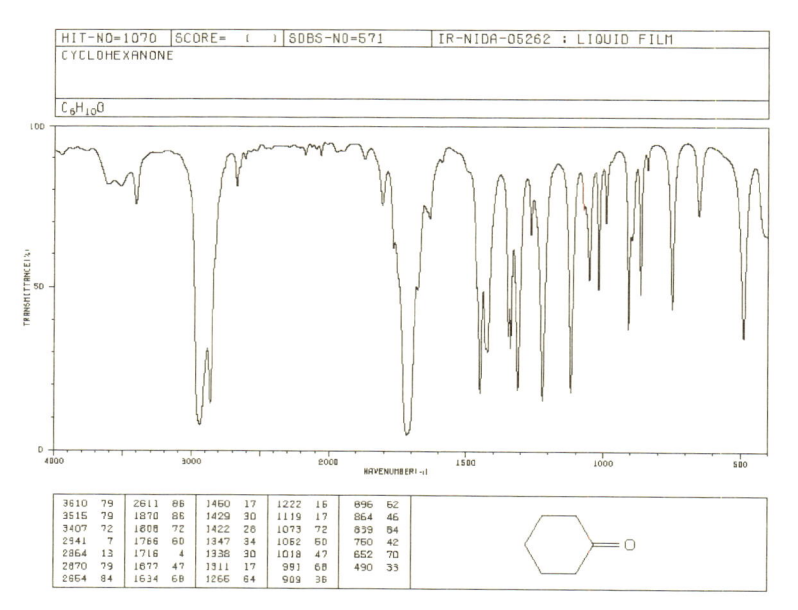

図28　シクロヘキサノンのIRスペクトル

当然ながらよく似たパターンを示している部分と大きく違っている部分とがあることにお気づきでしょう．たとえばシクロヘキサノールやフェノールにみられた $3300\ cm^{-1}$ 付近にある幅の広い大きな吸収が消滅していることから，この化合物は $-O-H$ 原子団を含んでいないことがわかります．その先の $2950 \sim 2800\ cm^{-1}$

付近にある比較的幅の狭い吸収帯は，シクロヘキサン環のメチレン基（$-CH_2-$）の ν_{C-H} にあたるので，シクロヘキサノールでもシクロヘキサノンでも同じようによく似たパターンとして現れています．もっと低波数側に目を移してゆくと，シクロヘキサノールにはないのですが，シクロヘキサノンの場合には 1700 cm^{-1} 付近に強い一本線の吸収があります．これはカルボニル基の伸縮振動，つまり $\nu_{C=O}$ にほかなりません．一方で，第二級アルコールに特徴的な，1100 cm^{-1} にあった吸収帯がシクロヘキサノンでは見事になくなっています．官能基の変化がこれほど明解にわかるのをみれば，有機化学者にとって赤外吸収スペクトルがいかに強力なツールとして役立っているかがおわかりいただけると思います．

さて，カルボニル化合物とヒドロキシルアミンが縮合するとオキシムが得られます．今の場合ならばシクロヘキサノンオキシムができることになります．それでは IR のスペクトルはどう変化するでしょうか．

シクロヘキサノンではなかった，3200 cm^{-1} から 3100 cm^{-1} のあたりに比較的幅の広い新しい吸収バンドがみとめられます．これは ν_{O-H} によるもので，オキシ

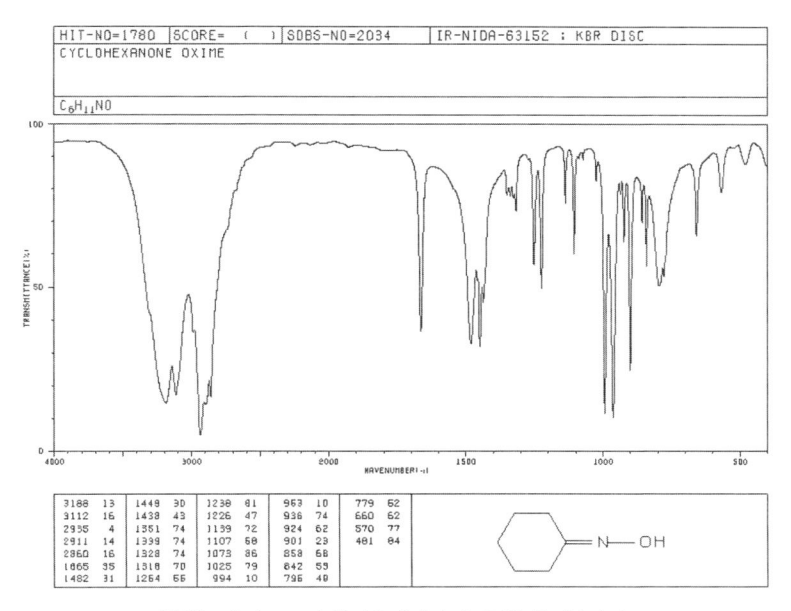

図 29　シクロヘキサノンオキシムの IR スペクトル

ムの =N-O-H の末端部分の伸縮振動にほかなりません．カルボニル基に由来する 1700 cm^{-1} 付近の強い一本線の吸収は 1665 cm^{-1} の吸収帯に移動していますが，これはオキシムの >C=NOH の $\nu_{C=N}$ にあたります．

シクロヘキサノールでもシクロヘキサノンでもほぼ同じ位置にみられた 1450 cm^{-1} と 1380 cm^{-1} 付近の鮮やかな吸収，つまり 1450 cm^{-1} のシクロヘキサン環の -CH$_2$-原子団の「はさみ振動」と 1380 cm^{-1} のピークの δ_{C-C-H}，つまり炭素骨格とその一端に結合している水素との三原子の変角振動は同じようにみとめられるので，見方によっては脂環式化合物の六員環構造には大きな変化はない，ということがこれからもわかります．

===== Tea Time =====

繊維の鑑別

鑑識化学において，毛髪や繊維などの鑑別には顕微鏡が不可欠なものでした．その昔のシャーロック・ホームズが拡大鏡を持って証拠品を観察しているイラストはあちこちで見ることができますが，時代の進展とともに使用できるツールも進化しています．

犯罪現場に残された微小な繊維素材を顕微鏡で観察して，その製造元や加工した企業などを絞り込むことは，かなり以前から行われていたわけですが，ここ 20〜30 年ほど前からは，この分野にも FT-IR 法が導入されるようになってきました．もちろん華やかにマスコミで取り上げられたりはしませんが，地道な観察結果とそのデータベース化も着々と進行しています．つまり外見以外の情報でも，成分の同定が可能となったのです．

繊維それぞれの示す吸収帯の特性は，繊維の変形などによる影響をほとんど受けないことが確かめられたので，赤外吸収の結果をまとめてコンピュータによる検索を可能とした結果，数十種類に及ぶ数多くの天然・合成繊維の鑑別が，従前の顕微鏡観察（肉眼によるデータ）よりもずっと短時間，かつ確実に行えるようになったといわれます．興味をお持ちの方には，たとえば下記の報告などがご参考になるでしょう；Mary W. Tungol, Edward G. Bartick, and Akbar Montaser, 1990, "The Development of a Spectral Data Base for the Identification of Fibers by Infrared Microscopy", *Appl. Spectrosc.*, **44**, 543-549.

第17講

反応段階の追跡とスペクトルの変化　その4

●カプロラクタムとその他のナイロン

　さて，このシクロヘキサノンオキシムを濃硫酸（または発煙硫酸）や五塩化リンなどの試薬の共存下でベックマン転位を起こさせると，七員環のカプロラクタムになります．SDBS では IUPAC 方式に従って「6-ヘキサンラクタム」になっていますが，炭素数6の直鎖の脂肪酸の慣用名は「カプロン酸」なので，ラクタムやラクトンなどの名称としては以前から脂肪酸由来のものが用いられてきましたから，現在でも工業現場では「カプロラクタム」でなくては通用しません．（受験化学一本槍だと通用しない重要な分野というのが結構あることに留意して下さい．）

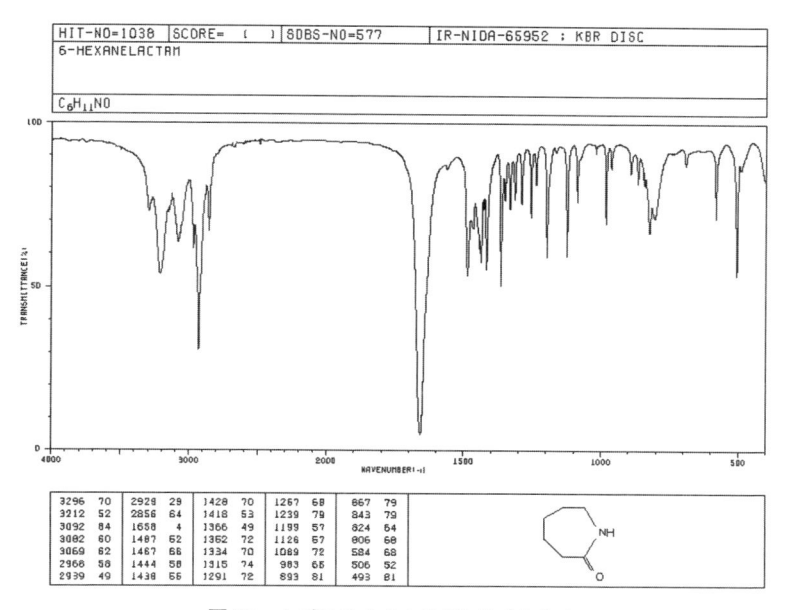

図30　カプロラクタムの IR スペクトル

同じように高波数側から調べていくと，3300～3000 cm^{-1} のあたりにやや幅の広い二重線が認められます．これは ν_{N-H} に特徴的なものです．その先の 2900 cm^{-1} 付近のピークは，ν_{C-H} によるものです．

カプロラクタムは七員環なので，同じ脂環式化合物でもシクロヘキサノンなどの六員環とは多少パターンが違ってきていますが，それでもアミド結合に特有の $\nu_{C=O}$ のピーク（1658 cm^{-1}）と，1480 cm^{-1} 付近に現れる δ_{N-H} がわかります．これはそれぞれ「アミドI」吸収帯，「アミドII」吸収帯のように呼ばれることもあります．

さて，最終生成物のナイロン-6 は，図 31 のような構造をとっています．他のナイロン（ナイロン-6,6，ナイロン-6,10）と比較したスペクトルを図 32 に示します．

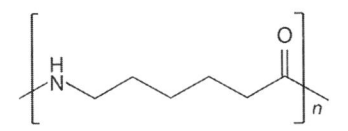

図 31 ナイロン-6 の基本構造

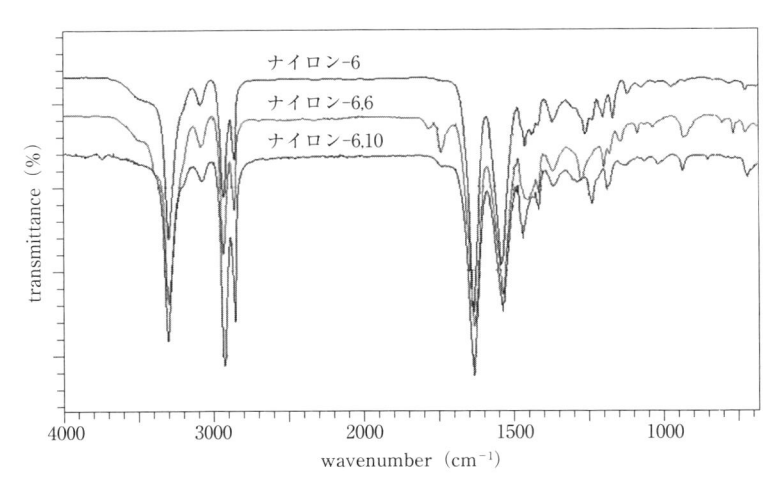

図 32 ナイロン各種の IR スペクトルの比較［http://www.shimadzu-techno.co.jp/technical/gcms4.html］

なお，カプロラクタムの開環重合で得られるナイロン-6 のほか，ナイロン-6,6,ナイロン-6,10 も官能基がすべて共通なので，相互にきわめて酷似したスペクトルパターンを現すことがわかります．

　逆に考えると，このような同族の化合物の個々の区別，確認の手段としては，赤外吸収スペクトルはあまり強力ではないということがわかります（ただし，大まかな分類を行うにはむしろ強力な手段となります）．

　これからの諸兄姉にとっては，利用できる機器分析法はその昔に比べると，段違いに多彩になってきていますから，それぞれの特質を見きわめて，長所を最大限に発揮できるように役立てることが望まれるでしょう．「なんでも赤外」とか「なんでも原子吸光」という，1つの新しい分析機器が入ると，他の手法を軽んじる癖のある向きも以前には少なからずおいでだったものですが．

　前講 Tea Time のように，どうしても個々の繊維の検出・同定が必要となる場合（司法化学，鑑識科学など）には，熱分解と質量分析などを併用して確認を行うことになります．

　一連の合成反応の各段階の化合物の赤外吸収スペクトルが，それぞれにこれほど大きく違っているのですから，手軽に測定が可能となった現在では，有機化学者に限らずきわめて便利でもはや手放すことも難しい実験のツールとなったのもおわかりいただけると思います．化合物の確認や同定に使うと便利であるのだから，別に有機化学を専門としていなくとも実際には自分の研究に活用している科学者はけっして少なくはありません．

　有機化学者にとっては，特定の官能基の存在でどのようなパターンのスペクトルが得られるかが大事となります．たとえば生薬などの天然物から得られた未知の化合物の構造を決めたいといった場合など，赤外吸収スペクトルのちょっとした特徴が多大なヒントとなって研究が一挙に進むというケースは珍しくありません．といっても駆け出しの実験者のうちはまだ眼力不足で見過ごしてしまい，同じような化合物を扱いつけている先輩方のおかげで「実は大発見」だった，ということが判明したりします．こういうときこそ「一日の長」のある恩師や先輩各位の利用価値があるのです．

============================ **Tea Time** ============================

遮熱塗料

　昨今，省エネ家屋なるものが以前よりとみにもてはやされるようになりました．各メーカーはさまざまな宣伝文句を連ねて普及にこれ努めています．ただこれはもともと工業用プラントなどでの温度上昇を防ぐために開発されたものが多いので，通常の住居用にはそのままでは宣伝ほどには効力を発揮しないというユーザからの声もあり，現在もいろいろと改良が続けられています．

　よく，「窓ガラスをこれでコーティングすると，赤外線を吸収してくれるので室内に熱が入ってこなくなるのだ」というもっともらしい説明をされる向きがありますが，たしかに普通の家屋の窓からの太陽光線の取り入れは室内の温度を上昇させるのにかなりの割合で貢献していますけれども，この説明はやはりどこかおかしいのです．

　実際には太陽光線に含まれる近赤外線（いわゆる熱線）の部分を散乱，反射して，透過する割合を小さく（10〜15％程度に）できるように（つまり屋内に侵入してこないように）と考えられています．赤外線を吸収してくれたなら，かえって温度が高くなってしまうはずなのです．散乱と反射が主なので，以前から利用されてきたのは，二酸化チタン（ルチル型）の微粒子でした．これは白色顔料としてもお馴染みのもので，近赤外部も同じように散乱，反射能力に優れていることが活用されているわけですが，メーカーそれぞれに，粒子のサイズを変化させたり，他の微量の添加物を配合するなど，特性を向上させるために苦心を重ねているようです．

第 18 講

官能基／原子団ごとの吸収スペクトルの表

　今までのお話では，まずスペクトルのチャートを見て，それを元に試料の成分や構造を探るというプロセスをたどってきました．最初の実験の段階での，個々の吸収の説明のためには確かにこの方がいいのですが，実際の研究実験などでは，むしろ逆に，ある程度見当のついている試料を測定にかけて，確かに求めるものであるのか，あるいは別の新しい化合物ができているのかを確かめるという行き方がむしろ多いだろうと思われます．つまりある程度の有機化学の基礎的な理解があるとしてのスペクトルの見方は，これとは多少違ってきます．

　このような場合に便利なのは，原子団や官能基ごとにどの位置に吸収帯が出現するかをまとめた図表です．

　これもいろいろあるのですが，あまり精密すぎるとかえって見るのが厄介ですし，具体例が少なすぎると逆に必要とする既報データがなかなか見つからないので，せっかく調べようとしても不満が残ることになってしまいます．

　ここでは田中誠之・飯田芳男両先生の名著『機器分析（三訂版）』（裳華房，1996）にまとめられている「各原子団の赤外吸収スペクトルの特性波数表」を引用しておきましょう（図33）．見開き2ページ分にまとめてあるので，ちょっとばかり字が小さいかも知れませんが，いろいろと便利な情報をたくさん含んでいます．

図33 各原子団の赤外吸収スペクトルの特性波数表［田中誠之・飯田芳男，1996，『機器分析（三訂版）』，p.86-87，裳華房］

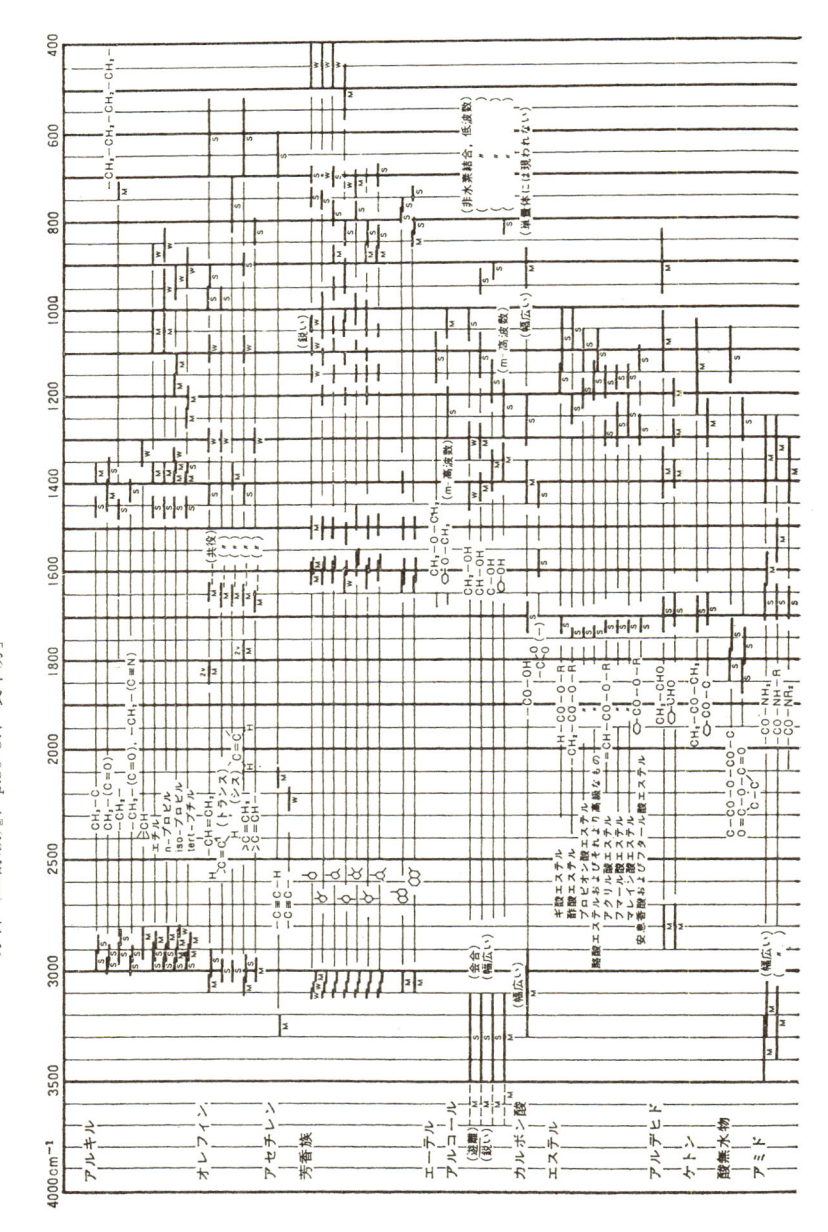

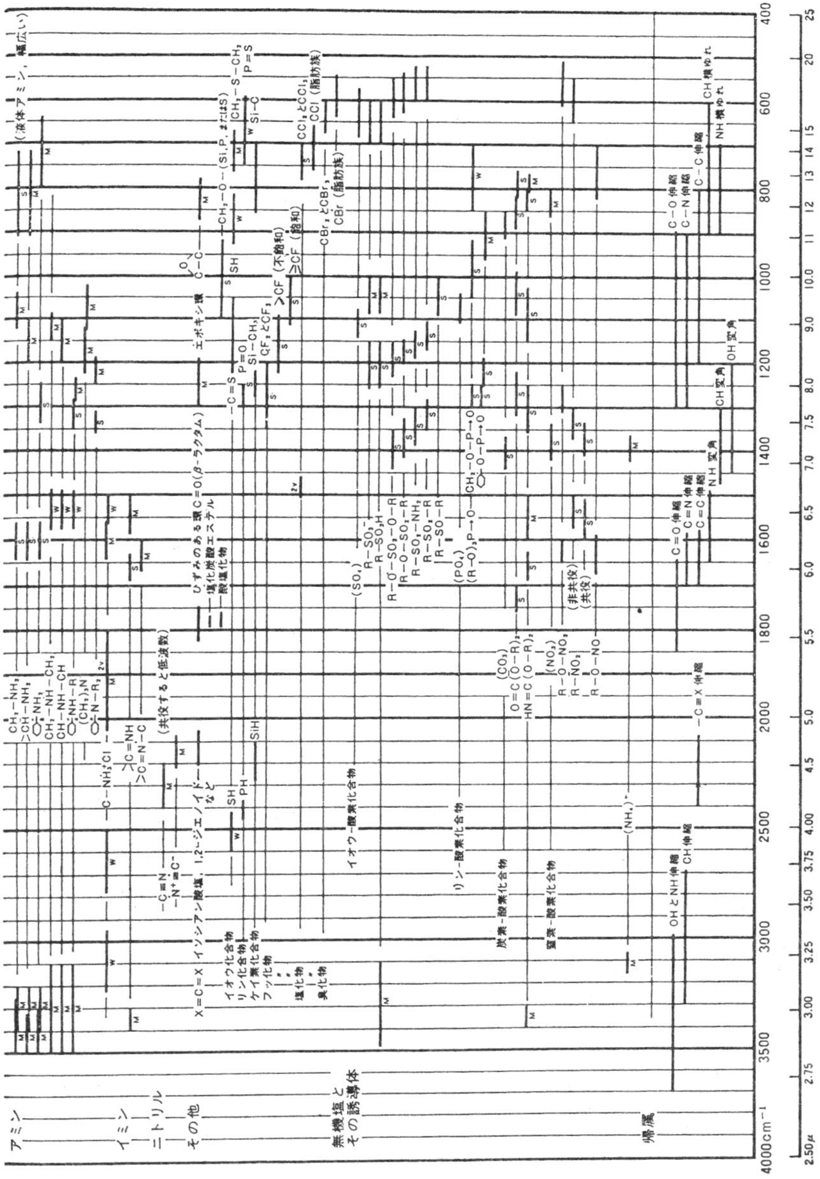
アミン
イミン
ニトリル
その他
無機塩とその誘導体
帰属
4000 cm⁻¹
3500
3000
2500
2000
1800
1600
1400
1200
1000
800
600
400
2.50μ
2.75
3.00
3.25
3.50
3.75
4.00
4.5
5.0
5.5
6.0
6.5
7.0
7.5
8.0
9.0
10.0
11
12
13
14
15
20
25
OH と NH 伸縮
CH 伸縮
−C≡X 伸縮
C=O 伸縮
C=N 伸縮
C=C 伸縮
N H 変角
CH 変角
OH 変角
C−O 伸縮
C−N 伸縮
C−C 伸縮
NH 横ゆれ
CH 横ゆれ
イオウ-酸素化合物
リン-酸素化合物
炭素-酸素化合物
窒素-酸素化合物
エポキシ環
(液体アミン，幅広い)
(共役すると低波数)

━━━━━━━━━━━━━━━━━━━━━━━━━━━━━━ **Tea Time** ━━━━━━━━━━━━━━

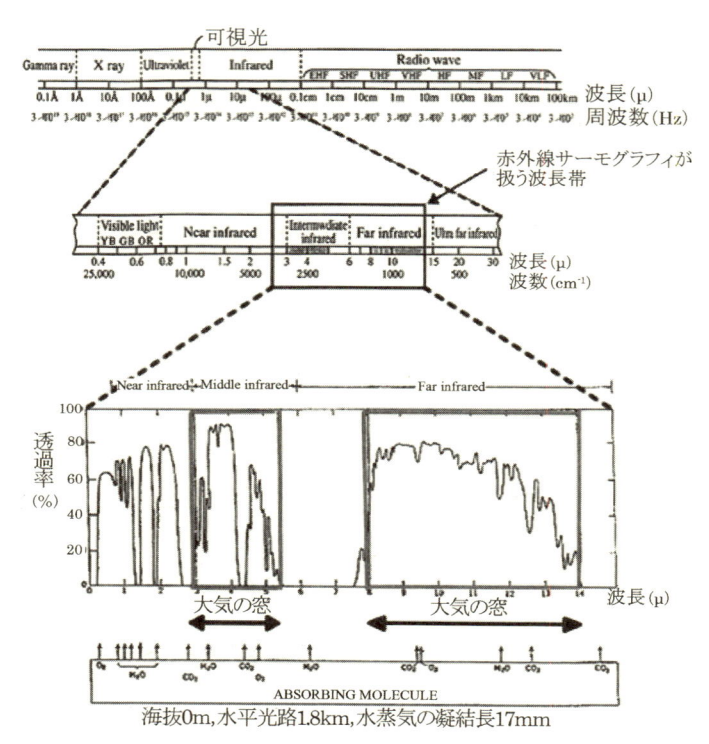

大気の窓

図34 大気の窓 ［R. D. Hudson Jr., 1969, *Infrared System in Engineering*, Willy］

　赤外線の中で，「大気の窓」と呼ばれる地球外からの電磁波の透過率の大きい波長部分は，衛星通信そのほかいろいろな分野できわめて重要なのですが，地球温暖化が騒がれるようになると，どのような分子による吸収の寄与が大きいのかがかなり詳しくわかってきました．「温室効果ガス」問題などで，大気中のいろいろな分子が赤外線を吸収するのが地球大気の温度上昇の原因であるといわれ，マスコミなども時にはかなりいい加減な情報を世人に伝えて平気のようですが，実際には図34のように，吸収率が大きいためにほとんど不透明に見える場所と，狭い吸収帯があってもならしてみると透過率の大き

な部分が卓越している部分とがあります．この後者の方をよく「大気の窓」と呼んでいて，大気圏外の観測機や人工衛星などとの通信にはここが利用されています．

ところで，これについての解説書をみると，「波長2.8ミクロン（つまり2.8μmなので，波数にすると3500 cm^{-1}あたり）の吸収帯は，二酸化炭素によるもの」と記してありました．

このあたりのスペクトルについては第10講でもふれていますが，波数3500 cm^{-1}付近の吸収帯はO-Hの伸縮振動のはずで，二酸化炭素の基準振動をみても該当するものがないので，奇妙に思われる方も少なくないようです．

二酸化炭素分子の基準振動は，直線状三原子なのでν_1（対称伸縮振動），ν_2（非対称伸縮振動），ν_3（変角振動），ν_4（変角振動）の4種類で，このうちν_1は赤外吸収不活性ですから，赤外吸収では残りの3種類だけが問題となるはずです．ν_2は2350 cm^{-1}，ν_3とν_4は縮重していて666 cm^{-1}に吸収がありますので，普通にはこの2本だけが観測可能です．このうちν_3とν_4の第五高調波が，3300 cm^{-1}を中心としたかなり幅の広い吸収帯として大気の吸収スペクトルに現れるのです．これに比べるとν_{O-H}の方は幅が狭く，強度もそれほど大きくないので，通常ではあまり重視されないのです．

最近の*Scientific American*誌（vol. 170(6), Dec. 2015）に紹介されていたのですが，この「大気の窓」の右側部分（8～13μm）を利用して二酸化ケイ素と二酸化ハフニウムの積層多重構造の変換素子を，銀-チタン-ケイ素等の反射鏡を併用することで，短波長（つまり高エネルギー）側の成分を減らして大気の透過効率を上げ，放熱量を格段に増加させることが可能になったという記事がありました．

第19講

赤外吸収スペクトルの集積

　コブレンツが20世紀のはじめに，大変な時間とエネルギーを注いで数百種の化合物の赤外スペクトル集を作成したことは前にも触れました．でも世界中で赤外スペクトルの集積が行われるようになったのは，やはり1940年代になって自記式の赤外分光光度計が普及しだしてからのことです．もちろん当時はまだ，化学者はコンピュータを自由自在に駆使できる環境とはほど遠いものでしたから，スペクトル集は冊子体の分厚いものでした．

　コブレンツの作製したスペクトル集は復刻されていて，現在でも購入可能になっています．（W. W. Coblentz, 2009, *Investigations of Infra-red Spectra*, BiblioLife）．ただし，この復刻版にはコブレンツの作製した吸収スペクトルのチャート群は含まれていないそうです．

　自記式の赤外分光計が利用されるようになってからは，いくつかのスペクトル集が作製されましたが，なかでも古くから有名だったのは，「サトラー社のハンドブック」と呼ばれる *"Sadtler Handbook of Infrared Spectra"*（1978）で，単に「サトラー」といっても世界的に通用する有名なスペクトル集でした．

　もう一つ定評のあるものとしては，「ナイキストのハンドブック」と略称されることもある *"Handbook of Infrared and Raman Spectra of Inorganic Compounds and Organic Salts"*（Richard A. Nyquist & Ronald O. Kagel, 1971）です．

　このほかにも何種類かが篤志の研究者の手によって作製されてはいたのですが，このようなスペクトル集のデータ集積は思ったよりも大変に手間暇と費用のかかるもので，あとは大製薬企業（たとえばBio-Rad社とかSigma-Aldrich社など）が，自社の製品の品質保証の意味もかねてスペクトルを添付するぐらいでした．

　現在ではコンピュータの性能が格段に向上し，またメモリも安価，高速になってきましたので，多くのスペクトル集は片端からデータベース化されて，オンラ

インで検索利用可能となっています．また，赤外吸収以外の分光学的データをも参照して利用することが可能となっている場合も少なくありません．これらについては次講をご参照下さい．

「有機化合物のスペクトルによる構造解析・推定」のための定評あるテキストはいくつかあり，内容も時代に即して改訂されてきていますので，第18講でも引用した田中誠之・飯田芳男両先生の『機器分析（三訂版）』（裳華房，1996）と併用されれば，読者諸兄姉にとってプラスになるところが多いかと存じます．ただ，なにしろ膨大な数の有機化合物を対象としているのですから，それぞれの編著者の好みや，ページ数の制限などが影響していて，一冊で全領域を包括できそうなものは，どうしてもものすごく大部の冊子となりがちで，しかもスペクトルの測定データは年々増加の一途ですから，データベース化が進行するのは時の勢いといえなくもありません．

ただ，だからといって最初から膨大なデータの海の中に初学者が放り込まれたら，これはもうアップアップしておぼれてしまうしかないので，浮き輪か救命胴衣のかわりとなるようなものがやはり不可欠なのです．

===== Tea Time =====

ドップラー伝

第27講の赤方偏倚のところで取り上げる「ドップラー効果」は，オーストリアの物理学者・数学者クリスティアン・ドップラー（Johann Christian Doppler, 1803-1853）が，1843年にボヘミアの王立科学協会に提出した論文が元になっています（第一次世界大戦より前なので，まだチェコ・スロヴァキアという国はなく，オーストリア帝国の一部でボヘミアやモラヴィアなどと呼ばれていた時代のことです．ボヘミアの都もプラーグで，今日風の「プラハ」ではありませんでした）．

ドップラーはオーストリアのザルツブルクに生まれ，ヴィーン大学とヴィーン工科大学に学び，1835年にプラーグ工科専門学校（今日のチェコ工科大学の前身）に職を得て，数学と物理学を教授していたのですが，指導は大変厳しくて，学生にはあまり人気がなかったともいわれます．

1848年にヴィーンに戻り，母校のヴィーン大学の実験物理学の教授となりました．こ

の頃の教え子の中に，遺伝学の開祖と讃えられるメンデル（G. J. Mendel, 1822-1884；彼もモラヴィアのブリュン出身でした）がいました．もっとも，ドップラーは重症の肺結核のためにまもなくヴェネチアに居を移し治療に努めていたのですが，ついに快復することなくこの地で1853年に逝去しました．

　ドップラーは連星の色に顕著な違いのあるものが少なくないことに気づき，これはちょうど音波の発生源が接近，離脱の際に音の高さが変わるのと同じく，光源の恒星が地球に近づくのか遠ざかるのかによって色調の変化がもたらされるのだという説をたてたのです．もちろんこの時代ではまだ恒星のスペクトルの精密な測定はまだ無理でしたし，ブンゼンとキルヒホッフによる元素のスペクトルの分光分析もまだ発表されていません．ですから，まだ純粋に理論的な考察だけだったのですが，現在では連星の色調よりも，遠距離にある銀河や星団などがこの視線方向の速度に比例した長波長側（赤色方向）へのシフトを示す例が多数観察されるようになりました．

第20講

赤外吸収スペクトルのデータベース

　赤外吸収スペクトルに限らないのですが，いろいろな化合物のスペクトルデータの集積は世界各地で継続的にかつ大規模に行われていて，その中でも比較的有名なものとして下記のようなものが挙げられます（名称，URL は本書執筆時点の 2015 年 7 月現在のものです．これらは運営母体の組織改変やインターネット環境の変化等により変更されることが十分あり得ますので，あらかじめそのむねご了解ください）．

・SDBS

　http://www.lib.ous.ac.jp/info_sdbs.html

　http://sdbs.db.aist.go.jp/sdbs/cgi-bin/direct_frame_top.cgi

　前にも触れましたが，つくば市にある国立研究開発法人 産業技術総合研究所（産総研）によるデータベースです．

　これは赤外吸収スペクトルだけではなく，多数（3万以上）の有機化合物の NMR（^{1}H, ^{13}C），IR，MS，ESR，ラマンスペクトル画像を自由に（無料で）見ることができます．汎用の試薬を中心としたものですが，産総研の練達のメンバーが自分で測定したオリジナルのスペクトルの大集積です．もちろん改訂，追加も年2回ほどの頻度で行われています．

　このスペクトルデータベースは無償提供されていますが，利用上守らないといけない制限事項がありますので，最初に表示されるページの免責事項には必ず目を通し，制限事項に留意して利用してください．

　特に，大学での研究・教育での利用の上では，1日に入手してよいスペクトルあるいは化合物ファイルの数は50件までとなっています．

　SDBS のデータを引用して各種の発表を行う場合の引用の方法には，他の事項に増して注意を払ってください．

なお，産総研はこのほかにも研究成果をデータベースとして公開しており「研究情報公開データベース」に一覧がリンクされています．

・NIST Chemistry WebBook

http://webbook.nist.gov/chemistry/

アメリカ国立標準技術研究所（NIST）の作成している標準レファレンスデータベースの中で，No. 69 は赤外スペクトルを集積したものです．このほかに NIST で測定されたテラヘルツスペクトルのデータベースもあります．

・Sigma-Aldrich catalog

http://www.sigmaaldrich.com

大薬品会社のシグマ・アルドリッチ社のカタログに付随したスペクトルデータ集です．

・Nicodom

http://www.nicodom.cz/

チェコのプラハに所在するスペクトルデータベースの開発・販売をメインとしている企業で，ウェブページでは赤外吸収を含めたいろいろなスペクトルデータを公開，販売しています．

・David Sullivan FT-IR Library

http://dwb.unl.edu/teacher/nsf/c07/c07links/www.che.utexas.edu/7edls/ir/ir_dir.html

このほかにもインターネットによってアクセス可能な赤外吸収スペクトルのデータベースのアドレスをリストアップしておきましょう．ただし，（はじめにおことわりしたように）外国のものは出し抜けにアドレスが変更になったり，更新が滞ったままになっていたりすることも珍しくないので，そのあたりにはご留意下さい．なかには自前ではなく上記の NIST や SDBS などへリンクして，そちらで利用するシステムになっているものも少なくありません．

・Spectra and Spectral Data-University of Texas Libraries

https://www.lib.utexas.edu/chem/info/spectra.html

テキサス大学図書館が公開しているスペクトルデータベースで，およそ 70 万種の化合物について赤外吸収，NMR，質量分析などのスペクトルを集積したもの．

データソースには Wiley 社のスペクトルデータベースと，日本の SDBS なども含まれています．
・FTIR Spectra. Infrared spectra Library FTIR. FT-IR Database
  http://www.ir-spectra.com/
  およそ 14 万種に及ぶ FT-IR スペクトルライブラリー．対象は高分子や薬剤，司法化学関連資料，有害物質，爆発性物質，殺虫剤などにわたっています．
・Infrared Spectroscopy : Organic Chemistry Resources Worldwide
  http://www.organicworldwide.net/content/infrared-spectroscopy
  有機化学の研究者向けの赤外吸収スペクトルのデータ集です．
・Infrared spectra. Free Download. IR Spectra Library
  http://www.infrared-spectra.com/
・Finding Spectra-*Chemistry-GSU Library Research Guides at Georgia State University
  http://research.library.gsu.edu/c.php?g=115286&p=752726
  ジョージア州立大学図書館のウェブページです．オンライン利用可能なスペクトルデータとしては FT-IR のほか，電子衝撃質量分析（EI-MS），プロトン NMR，UV-VIS などを含みます．
・ACD/Labs Infrared and Raman Databases of Reference Spectra
  http://www.acdlabs.com/products/dbs/ir_raman_db/
  Advanced Chemistry Database（ACD/Labs）は，カナダのオタワに本拠のある機関ですが，IR，ラマンスペクトルそのほかいろいろな種類のデータベースを提供しています．NIST の赤外線データベースのほか，コブレンツ協会の集積していた 9500 種以上の赤外線吸収スペクトルをディジタル化したものも含まれています．
  このほかに，ある程度対象が限定されたものとして，高分子材料，可塑剤や添加剤，繊維，医薬品，鉱物，界面活性剤などの FT-IR データベースも持っています．
・Chemical Handling and Nomenclature
  http://www.acdlabs.com/products/draw_nom/
・FDM FTIR and Raman Spectral Libraries

http://www.fdmspectra.com/
- S.T. Japan FT-IR and Raman Databases for ACD/Labs
  http://www.stjapan-europe.de/Admin/LogViewer/tabid/68/ctl/Login/language/en-US/Default.aspx?returnurl=%2fProducts%2fSpectralDatabases%2ftabid%2f68%2fDefault.aspx#atr
- ATR/FTIR Aldrich-ICHEM Databases
  http://www.stjapan.de/Products/SpectraDatabases/tabid/97/language/en-US/Default.aspx
- Hummel Polymer and Surfactants IR Databases（Wiley-VCH-IR Hummel Polymers）
  http://www.wiley-vch.de/stmdata/irdatacoll.php

そのほか，範囲が限定された対象についてのIRスペクトルデータ集としていくつか名高いものを挙げておきましょう．前に挙げたNicodom社も同じように対象を限定したスペクトルデータベースを販売しています．

〈環境関連物質を対象とするもの〉

- EPA Spectral Database
  http://www3.epa.gov/ttn/emc01/ftir/welcome.html
  アメリカのEPA（環境保護局）の作成している，気体をも含めた種々の重要な物質の赤外スペクトルデータの集積．ほかにアメリカ空軍（US Air Force）や，大気性質保全計画標準局（EPA/OAQPS）などからも協力を得ています．

〈塗料や被覆材料に関するもの〉

- Infrared spectra（IR spectra）of paint and coating materials（pigments, binders, fillers）
  http://tera.chem.ut.ee/IR_spectra/
  当然ながらATR/IR測定のデータが主となっています．
- 有機リン化合物の赤外線吸収スペクトル — J-Stage
  https://www.jstage.jst.go.jp/article/yukigoseikyokaishi1943/28/2/28_2_132/_pdf
- 繊維素材のデータベース

http://www.kaizenken.jp/db/chap1.html

・材料テラヘルツスペクトルデータベース— NICT（国立研究法人 情報通信研究機構）

http://www.nict.go.jp/publication/shuppan/kihou-journal/kihou-vol54no01/5-1.pdf

このほかにもまだあると思いますが，あまり玄人向きのものは，やがて必要が生じたときにそれなりの手順で利用されれば，得るところが大きいかと存じます．駆け出しの初心者が使いこなすのはかなり大変な苦労が伴うでしょう．

============ Tea Time ============

ドップラー効果の実測実験

　音のドップラー効果の実験的証明を行った例はいろいろありますが，なかでも有名なのはオランダの物理学者・気象学者ボイス・バロット（Christophorus Henricus Diedericus Buys-Ballot, 1817-1890）の行った実験でしょう．「風を背にして立ったとき，低気圧やハリケーン，台風などの中心は左前方にある（北半球の場合）」という「ボイス・バロットの法則」の生みの親でもあります．

　彼は何人もの絶対音感の持ち主を集めてチームをつくり，一方では小編成の貨物列車の無蓋貨車にトランペット奏者を乗せて，Gの音を長々と吹かせたまま，いろいろと進行速度を変えて，観測チームのいる地点の通過の前後における音高の変化を記録させました．こんな実験が可能なのは，平地に恵まれて山やトンネルのほとんどないオランダだから可能（"いまは山中，いまは浜♪"のわが国ではちょっと無理）だったのですが，列車の運行速度と聞こえる音の高さの変化の定量的な測定から，音源と観測者を隔てる媒質（この場合なら空気）が見かけ上圧縮されたり減圧されたりするモデルで巧みに定量的な説明が可能であることを示したのです．

　なお文献によっては「無蓋車に楽団を乗せて…」と記してあるものもありますが，精密測定が目的であれば，実験のためには単純で一定の高さの音源のほうがずっとふさわしいと考えられますので，わざわざ妨害要因を増やす必要はありませんから，これは多分伝聞の途中でのミスだろうと思われます．

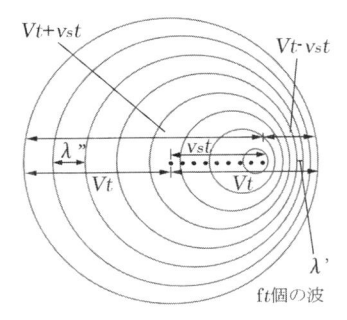

図 35 ドップラー効果 ［http://www.ravco.jp/cat/view.php?cat_id=4811 を一部改変］

第21講

近赤外分光

　今まで紹介してきたように，通常の有機化学者が愛用している赤外吸収スペクトル分析は，いわゆる「中赤外領域」が主対象になっています．以前なら「岩塩領域」と呼ばれた部分にあたるのですが，もちろんそれ以外の波長（波数）領域も重要な分光学の研究対象であり，その応用面もテキストなどから想像するよりも予想できないほどのさまざまな方面にまで広がっています．

　この本の読者諸兄姉は，必ずしも有機化学者流の赤外スペクトルの利用だけには限られないと思いますので，もっと広い（本来のテラヘルツ波領域のほとんどすべて）領域での赤外スペクトルの重要性について，いくつか例を挙げて説明しておきましょう．

●近赤外線領域（near infrared region：NIR）

　いわゆる「NIR」領域を測定するための分光計は，波長にして 2.5〜0.8 μm，波数に直すと 4000 cm^{-1} から 12500 cm^{-1} ほどの範囲のスペクトルを測定できるように設計されています．この領域でみられる吸収帯の強度は微弱なので，以前には強力な光源と高感度の検出器の両方が必要でした．しかも化合物の官能基特有の基準振動はこの領域にはほとんど出現せず，そのために化合物の同定や吸収強度利用の定量分析のどちらもかなり難しいことだったのです．

　しかしフーリエ変換赤外分光計の導入によって，このような難点はかなりの部分まで解決されるようになりました．多重回積算や多変量解析，その他いわゆるケモメトリックス関連のソフトウェアパッケージが組み込まれるようになると，パターン認識によって未知の化合物の同定を行うことも可能となりました．

　NIR スペクトルは，透過法よりも反射法で測定される例が増えてきています．これによると，試料の物理・化学的性質がよくわかるのですが，試料中の濃度に

ついて得られる情報はどうしても不足気味になることは否めません．それでも，得られるスペクトルはほとんどの場合各成分のスペクトルの和と見なすことができますし，今後の集積結果の増加により，多くの情報が得られると思われます．

●食品の近赤外吸収スペクトル

　アメリカで最初に赤外分光光度計が市販されたのは 1940 年代のことですが，当時考えられていた用途は，現在のような有機化合物の構造決定や未知化合物の同定を意図したものではなく，穀物や食品などの水分含量の非破壊的迅速定量だったといわれます．それまでは真空乾燥法か加熱法による減量測定，あるいはカール-フィッシャー法などによる容量分析など，いずれも手間のかかる手法で，かつ比較的大量の試料を必要とした方法ばかりでした．

　現在でもシカゴにある穀物取引所は世界最大級の取引高を誇っていますが，穀物やその加工製品（小麦粉など）の水分含量の測定は実用上もきわめて重要であることが早くから認識されていたのです．ただ半世紀も以前のこと，近赤外部のスペクトル測定はまだプリズム分散系によるシングルスキャンで記録するしかなく，そのために測定対象も限定されていました．

　フーリエ変換法が導入され，また透過測定のほかに全反射によるスペクトル測定（ATR）も可能となると，「非破壊」でかつ微弱な信号でも積算することでずいぶん多くの情報が得られるようになりました．この近赤外部に現れるスペクトルは，基準振動の高調波（音波と同じように「倍音」という方が多いのですが）や結合音がほとんどなのですが，これらは分子の集合状態による変動を受けやすい（ということは分子単独の構造情報よりも，集合状態に関する知見を与えてくれる可能性が大きくなっています）ので，たとえば調理科学の分野におけるいろいろと複雑なデータ（たとえば食品のテクスチュアなど）の解明のための指標としての有用性が期待されています．その意味では，後述のいわゆる「テラヘルツ分光」と類似した応用面が改めてひらけてくるかもしれません．

　あとのパルスオキシメータの項でも触れますが，生物体は近赤外領域の光線に対しては予想外に透過性が大きいのです．そのために，特定の近赤外部の波長を選択して体内の諸情報を探ろうという研究は以前から試みられていました．ただ，X 線や γ 線などに比べると，透過能力は格段に小さいので，対象となる範囲も限

定されてきます．

=== Tea Time ===

光ファイバーと近赤外部吸収

　近赤外分光に関連した話題として，産業的に重要なのに見過ごされがちなものに，通信用の光ファイバー（オプティカルファイバー）の素材と近赤外吸収との関係があります．

　光ファイバー素材にはいろいろなものがあり，あまり長さを必要としない室内デコレーション用から，延長何十 km にも及ぶ長距離使用を目的としたものまでが存在します．短距離のものは透明度の高いプラスチック製品がもっぱら用いられていますが，通信用にはもっと長尺に加工でき，かつ強力なレーザー光線によっても変質（着色）しないことが望まれます．そこで可視光線よりも波長の長い近赤外線を使うことになり，それならば以前から長尺のガラス繊維を製造してきた技術が応用可能なので，透明石英ガラス製の光ファイバーが使用されるようになりました．

　ところが，純粋な石英ならば SiO_2 だけで構成されているはずですが，石英ガラスの製造工程ではどうしても Si-OH 原子団（シラノールグループ）が生成してきます．この OH 基の伸縮振動は波数 3500 cm^{-1}，波長にすると 2.8 μm に現れるのですが，長尺の光ファイバーの場合，この倍音や三倍音にあたる 1.4 μm や 0.93 μm にも強い吸収が出現する（つまり減衰の度合いが著しく大きくなる）のです．

　用途によってはどうしてもこれらの波長のレーザーを使用する必要があるので，その場合にはフッ化カルシウム系などの OH 原子団を含みにくい素材を選択することになります．

第22講

ランベルト–ベールの法則

 光が物体を透過したとき，もしその波長のところに吸収があると，一部が吸収されるので，透過光の強度は入射光よりも小さくなります．この関係は「ランベルト–ベールの法則」として分析化学者にはお馴染みのものなのですが，簡単にまとめると下のようになります．

 強度 I_0 の単色光がある媒質を通過したとき，出てきた光の強度を I とすることにします．このときの透過度は I/I_0 となるわけですが，この余対数（常用対数の符号を変えたもの）を「吸光度（absorbance）」といい，A で表すことになっています．

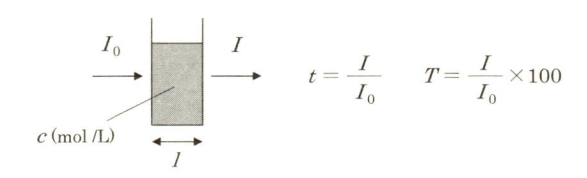

$$t = \frac{I}{I_0} \qquad T = \frac{I}{I_0} \times 100$$

図36 ランベルト–ベールの法則

 このときに媒質の中を光が通過する距離（光路長）を l（普通はセルの厚さのスケールから cm 単位を用いることが多い），媒質の吸光性物質の濃度を c（通常は mol/L）で表すと，吸光度 A は下のような式で与えられます．

$$A = \log(I_0/I) = \varepsilon cl$$

 もともと「ランベルトの法則」とは「吸光度は光路長に比例する」という関係を指すもので，別名をブーゲの法則ともいいます．ブーゲ（P. Bouguer, 1698-1758）はフランスの物理学者で重力に関する「ブーゲ異常」の発見者でもあります．これに対し「吸光度は試料中の溶質の濃度に比例する」という方が「ベール

の法則」なのですが，通常はまとめて「ランベルト–ベールの法則」と呼んでいます．なお世界は広いので，逆に「ベール–ランベルトの法則」でなくてはいけないといわれる大先生方もおられるようですが，まあそれほど外国語直訳を尊ぶ必要もありますまい．

　化学分析（比色分析，分光測光法）においては濃度と吸光度との関係が重視されるので，どちらかというと「ベールの法則」の方が重視される傾向にありますが，赤外領域ではむしろ光路長の著しく長い系が問題となることが多いのです．比色分析では，溶液の可視・紫外吸収測定用のセルは光路長1 cmのものが多用されますが，赤外領域ではうってかわって，多重反射による気体セルの方が普通です．さらに大気による吸収では数 m から数十 km，星間分子の場合には何億 kmから何万光年という桁外れに長い光路長条件での測定も行われています．

　「ε」は「モル吸光係数」と呼ばれる定数です．吸収スペクトルは通常横軸に波長（時には波数や周波数をとることもありますが，可視・紫外部のスペクトルの場合にはほとんどが波長です），縦軸に吸光度をとって描くのですが，単一成分の場合にはこのモル吸光係数を用いて表示することがむしろ普通かもしれません．

　中赤外領域では官能基などによる特性吸収が重視される（つまり「定性分析」としての利用）ので，このランベルト–ベールの法則の出番はあまりないのですが，近赤外領域や，最近話題のテラヘルツ分光などの方面では結構有用なツールですので，やはりここのところで取り上げておくこととします．

=============================== Tea Time ===============================

「空の青」と「水の青」

　　　しらとりは　かなしからずや　そらのあを
　　　　　　　うみのあをにも　そまずただよふ　　　（牧水）

　この若山牧水の名歌をご存じない方はまずおいでにならないと存じますが，「空の青」と「海の青」の源は，おおもとは同じ太陽光線であるとはいえ，その色の源となるメカニズムはずいぶん違っています．よく「空が映っているからこの通り海（あるいは湖）

の水も青く見えるのです」と観光地のガイド嬢などが知ったかぶりで口にしたりしていますが，これはどうもあまり信用できそうもありません．

「空の青」は大気を構成している窒素や酸素などの分子が太陽光線を散乱した結果，我々の眼に青く感じる光線の成分が卓越して大気層を透過してくる結果なのです．この散乱には「レイリー散乱」と「ミー散乱」の2種類があり，そのうちでも「ミー散乱」のほうが主になっているといわれています．この散乱の度合は波長の4乗に逆比例するはずなので，波長の長い方が散乱を受けにくく，遠くまで届くことになります．「赤い夕焼け」は，夕日の光線の光路長が，昼間時より格段に長くなった結果なのです．

一方，「水の青」は，水分子の基準振動のうち，O-H結合の伸縮振動の高調波（倍音）が原因なので，吸収強度（ランベルト-ベールの法則にある「ε」）が小さいけれど無視できないほどの効果を及ぼすために，白色光のうちで赤色の部分を吸収してしまうからなのです（つまり我々の眼は余色を見ていることになります）．

その昔，イギリスのさる貴族は，お屋敷にある巨大なプールの内側を漆喰で真っ白に塗らせ，これに水を張って，どのぐらいの深さになれば水が青色に見えるか実験で確かめようとしたという話が残っています．でもプールに張るほどの大量の水だと（まさか蒸留水を使うわけにはいかなかったでしょう），溶けている不純物の影響も無視できなかったと思われますが，それでも，空模様にかかわらず深い水は青色であると結論することができたといわれます．

小川未明の名作『赤い蝋燭と人魚』でも，発端のところで「北方の海の色は，青うございました．」と北国の暗い空の下の青い海が見事に描写されているのをご記憶の方もおられると存じます．直江津の海岸には「人魚」の像が建てられています．

第 23 講

パルスオキシメータ　その1

　いわゆる「非侵襲型臨床分析装置」（この「非侵襲型」というのは，メスや注射針などを体内に挿入しないという意味です）の典型でもあるパルスオキシメータは，わが国の先人の誇るべき発明（1974）なのですが，あまり世人には知られていないようです．これは『プロジェクトX』にこそ取り上げられませんでしたが，「胃カメラ」と同じようにわが国の先人の人類に対する大貢献であります．くわしくはコニカミノルタのウェブページ（http://www.konicaminolta.jp/instruments/knowledge/pulseoximeters/details/history.html），および開発をされた青柳卓雄氏（当時は日本光電工業）が以後の歴史とともにまとめられた特別講演の記録（日本臨床麻酔学会誌，1990）をご参照下さい．なお，京都の化学同人社から刊行の雑誌『化学』の2015年5月号にも，福井高専名誉教授の吉村忠与志先生によるくわしい解説があります．

　この計器は，近赤外部の吸収スペクトルを利用して，動脈血のなかの遊離ヘモグロビン（Hb）と酸素化ヘモグロビン（オキシヘモグロビン，HbO_2）の濃度（相対濃度）を連続的に測定できるように工夫された装置です．青柳氏が最初に開発されたのは耳介を挟んで測定する方式でしたが，指先を挿入して測定するお馴染みのタイプがミノルタカメラ（現　コニカミノルタ）から1977年に市販されるようになって，まもなく世界中に普及しました．

　"手のひらを太陽に　透かして見れば
　　真っ赤に流れる　ぼくの血潮"

というのは，"ぼくらはみんな生きている…"に始まる，ご存じアンパンマンの作者やなせたかし作詞の『手のひらを太陽に』の一節ですが，もう半世紀以上昔（1961）に発表されたこの歌で描写されているように，人体は近赤外線に対しては想像以上に透過性が良いのです．

半導体レーザー光源によって，665 nm と 880 nm の 2 つの波長（メーカーによっては多少違った波長の光源を利用しているものもあるらしい）の吸光度を測定して，動脈血による部分（体組織や静脈血は脈拍による変動はありませんから）の解析で，Hb と HbO_2 の濃度比を求めることができます．これは双方の吸光係数がわかっていますから，連立一次方程式を解くだけですが，現在なら簡単な OP アンプの回路で処理可能です．つまり「二波長分光測定」のもっとも身近な好例でもあるのです．臨床分野で重要な SpO_2（酸素飽和度）は，$HbO_2/(Hb + HbO_2)$ のことです．ピーク間隔から脈拍（パルス，医療現場では昔風にドイツ語のプルス（Puls）の方が通用する範囲が広いようですが）も同時に計測できるわけです．

はじめの頃のパルスオキシメータは図体が大きくて，患者のベッドサイドをデンと占有するほどのものでしたが，ちょうどこの頃（1970〜1980 年頃）のアメリカでは，外科手術時の医療事故のかなりの割合が，血液中の酸素濃度不足に起因するという報告が出て，このモニタリングが可能となったおかげで大幅に事故が減少し，普及が始まったということです．このあたりは麻酔学の大権威の諏訪邦夫先生の書かれた解説記事や書物（いくつもあります）をご覧になるとよろしいかも知れません．図 37 はコニカミノルタのウェブページからの転載です．

動脈血の中のヘモグロビンは，遊離のかたちと酸素分子を結合したオキシヘモグロビンとでは吸収スペクトルの形や強度がかなり違います（図 38）．その昔は

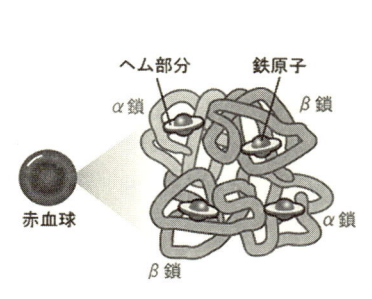

図 37 ヘモグロビン構造の模式図 [http://www.konicaminolta.jp/healthcare/knowledge/details/principle.html]

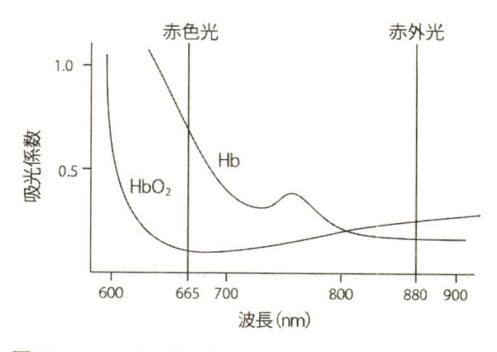

図 38 ヘモグロビンとオキシヘモグロビンの吸収スペクトル

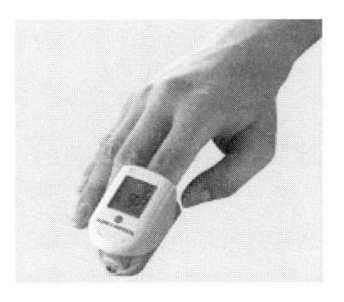

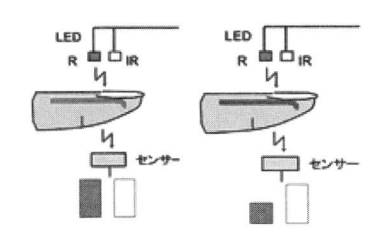

図39　パルスオキシメータ（コニカミノルタ製）[http://www.konicaminolta.jp/instruments/products/medical/pulsox1/index.html]

血液中のヘモグロビンがどのぐらい酸素と結合しているかを測定するには，採血した血液試料を分光計（比色計）を使って遊離のヘモグロビンとオキシヘモグロビンそれぞれの量（濃度）を測定するのが常法でした．（もっと以前は専用の色ガラスフィルターがあり，これを使って透過光線の強さを比べて半定量的な結果（これでも診断には大きく役立った）を得ていたということです．）

図39にもありますように，最近では指先にはめて計測できる簡便な装置がつくられていますが，この中には上記の2通りの光を発生する発光ダイオード（LED）が組み込まれていて，指の体組織を光が通過したときに，センサー（受光部）に届く光の量から動脈血中に含まれる遊離ヘモグロビンとオキシヘモグロビンの濃度を計測するように工夫されています．

「真っ赤な血潮」は，酸素と結合したオキシヘモグロビンの色です．これと遊離ヘモグロビン（赤黒い色，静脈血の色の本体）とは上の図にありますようにこの2つの波長での光吸収の度合いが大きく違っています．

この光吸収の度合いは「ランベルト–ベールの法則」（前述）に従いますので，別々の波長における吸光度データを一次の連立方程式に入れて解くことでHbとHbO_2の濃度が得られます．

指などに外部から光を当てて光の吸収の度合いを測定すると，当然ながら体組織や静脈血なども同じように光を吸収します．でもこれらは動脈血と違って脈動しませんから，変化分だけを取り出してデータとすればいいのです．

図38の吸光係数の波長依存性をご覧になればおわかりになるかと思うのですが，波長665 nmの光は，HbO_2（オキシヘモグロビン）による吸収の度合いがほ

ぼ極小位置にあり，Hb（遊離ヘモグロビン）に比べるとあまり吸収されないのです．ですから透過してくる光は当然ながら赤色分が強くなります．一方，赤外光（880 nm）では，逆に遊離ヘモグロビンによる吸収がずっと小さいのでオキシヘモグロビンとあまり変わりませんから，色調は変化（もちろん肉眼では見えませんが）します．

SpO_2（いわゆる「血液中酸素飽和度」）が求められるのは，このように赤色光（R）と赤外光（IR）の2つの波長での実際の吸光度が違っていることを利用しているのですが，当然ながら HbO_2 が増え Hb が減れば，センサーが受け取る赤色光は多くなり，赤外光はあまり変わりません．その逆では赤色光は少なくなり，赤外光はやはりあまり変わりません．

つまり，センサーが受け取る R/IR の比率がわかれば，HbO_2 と Hb の比率，すなわち酸素飽和度がわかることになります．

================= **Tea Time** =================

二波長分光法

パルスオキシメータで，どのようにして指先を洗濯ばさみみたいな小さな測定器にかけるだけで，血中の酸素飽和度が求められるのかについて簡単に解説しておきましょう．今，2種類の着色した物質を含む試料があって，その吸収スペクトルが互いに重なり合っている場合を考えます．それぞれの波長に対応した吸光度は，各成分の吸光度の和に等しくなります．図40をご参照下さい．

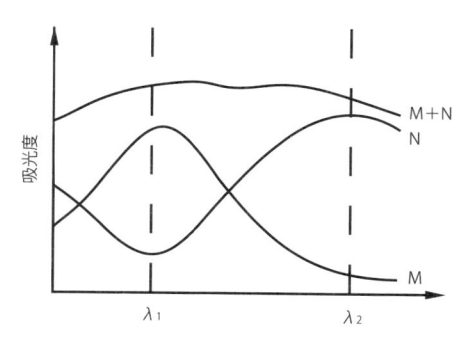

図40 二波長分光法の原理の説明図

この場合，一方の吸光度がゼロである波長が存在していないので，各成分（上の図でのMとN）を独立に吸光度から求めることはできません．でも波長 λ_1, λ_2 それぞれにおける吸光度は，単位光路長あたりに換算すると下の式で表すことが可能です．

波長 λ_1 における吸光度　　$A_1 = \varepsilon_{M1} c_M + \varepsilon_{N1} c_N$

波長 λ_2 における吸光度　　$A_2 = \varepsilon_{M2} c_M + \varepsilon_{N2} c_N$

　ここで，別の標準試料を用いて ε_{M1}, ε_{N1}, ε_{M2}, ε_{N2} の4つのモル吸光係数を求めておけば，上の連立一次方程式を解くことによって，c_M と c_N が容易に求められます．

　図40ではわかりやすいようにそれぞれの吸収の極大のところを例にとりましたが，モル吸光係数に顕著な差があるならば，必ずしも吸収のピークの波長である必要はありません．パルスオキシメータの場合のように測定波長が固定されている場合であれば，それぞれの位置で吸光度に大きな差があればよろしいのです．

第 24 講

パルスオキシメータ　その 2

それぞれの波長における動脈血の光の透過の様子をまとめたグラフがありましたので下に紹介しておきましょう．

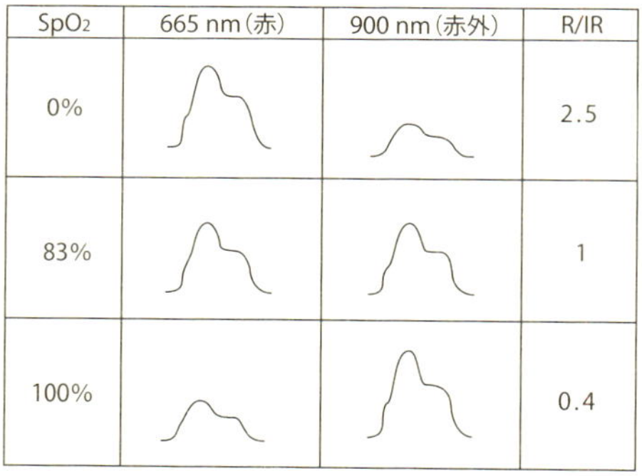

SpO$_2$	665 nm（赤）	900 nm（赤外）	R/IR
0%			2.5
83%			1
100%			0.4

図 41　それぞれの波長における動脈血の光の透過の様子　[http://www.konicaminolta.jp/healthcare/knowledge/details/principle.html]

このグラフの縦軸は吸光度（透過率の逆数）であり，赤色光の場合なら Hb が光の吸収の主体ですから，血液中酸素濃度が小さいほど Hb による光の吸収の度合いが大きく，SpO$_2$ が 100% になると光吸収はずっと小さくなることがわかります．

波長 900 nm の赤外光の場合には逆で，HbO$_2$ の方が吸光係数が大きいのですから，SpO$_2$ が高いほど光吸収が大きくなる傾向にあることがおわかりいただけると思います．

実際には Hb と HbO$_2$ の 2 つの波長による吸光度測定からそれぞれの濃度を求める「二波長分光法」の身近な好例なのですが，臨床診断のデータとしてはヘモ

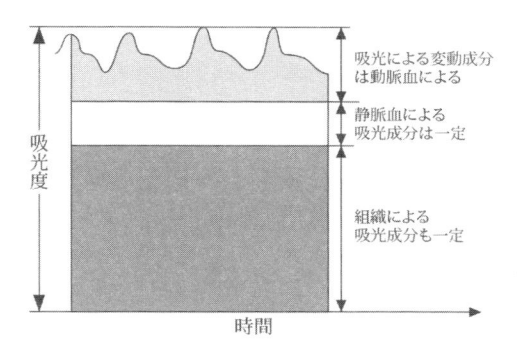

図42 パルスオキシメータの原理［諏訪邦夫，1982，『パルスオキシメーター』，中外医学社］
動脈血は脈波を持って血管内を移動するため，動脈血層には経時的な厚みの変化が生じます．よって，変動している部分だけに着目すれば，動脈血による吸光度を分離できます．

グロビンの絶対量は別の方法で測定するので，ここで大事なのは Hb と HbO_2 の割合です．測定機器をきちんと較正して，$Hb/(Hb+HbO_2)$（$=SpO_2$）が表示できるようにしておけば実用上も便利なので，実際の機器ではディジタル表示で SpO_2 が表示されるようになっています．

体組織の場合，静脈血や筋肉中にも当然ながら同じような血色素のヘムを含んでいるヘモグロビンやミオグロビンがありますから，この領域に光吸収を示すわけですが，動脈血と違って，これらは脈動で量が変化することはありません．ですから，無変化分を差し引いて，動脈血の分だけを計測対象としているのです．この様子は図42をご参照下されば理解できるかと思われます．

なお，この図での変動のない部分のうちで，静脈血管由来の部分だけを利用したのが，最近話題の「静脈認証」です．くわしくは Tea Time をご参照ください．

═══════════════ Tea Time ═══════════════

静脈認証

最近では銀行などの ATM 端末にも利用されるようになった「静脈認証」システムは，手のひらや指先などの静脈パターンの近赤外部の画像を利用しています．近赤外線の皮膚への人体への透過深度は通常数 mm ですから，皮膚の表面からは見えない体内の静脈

のパターンを利用することで，本人確認の有効な手段として利用するのです．この場合の光の吸収物質は静脈血中の遊離ヘモグロビンで，パルスオキシメータのように脈動する動脈血とは違って心拍とともに変化することはありません．

わが国で以前に不法滞在が露見して入国禁止処分となったのにもかかわらず，指紋チェックをすりぬけようと，偽造の指紋を指に貼り付けて密入国を図ろうとした外国人が逮捕されて新聞紙上でも話題となりましたが，静脈パターンは皮膚の表からは見えませんので，このような姑息なインチキは即座にばれてしまうでしょう．

第 25 講

臨床医学への赤外線の利用

●脳診断と近赤外線

　しばらく前からあちこちで話題となっている「NIRS 脳計測装置」とは，近赤外光（near infrared spectrometry）を用いて，非侵襲的に脳機能のマッピングを可能とする画像診断装置です．前述のパルスオキシメータと同じように，レーザー光源からの赤外線（800 nm）を頭部に照射し，反射されてくる光を検出器にとらえて信号を解析するのですが，近赤外線は人の頭部を測定する場合には指先や耳介ほどには透過率が良くありませんし，また分解能も劣ります．でも X 線 CT や MRI などとは違って，被験者が専用の大きな装置に入らずとも，普通に生活している状態のままでも，頭蓋中の血液の流れの観察ができ，脳活動の様子が，ヘモグロビン（Hb）の増減や酸素化ヘモグロビン（HbO_2）の比率などを指標として計測可能となるのです．

　この NIRS 脳計測の装置の開発もわが国の先人の功績なのですが，わが国のマスコミには難しすぎるのか，あまり新聞紙上にも登場しません．島津製作所と日立製作所による下記のウェブページを参照いただければ，もっと詳しい記載があります．

・島津製作所「NIRStation」：島津製作所の NIRS 脳計測の装置について
　http://www.an.shimadzu.co.jp/bio/nirs/nirs2.htm
・日立製作所「光トポグラフィ講座　原理編」：日立メディコの光トポグラフィについて
　https://www.hitachi-medical.co.jp/tech/based/nirs/principle/index.html

　脳神経外科の診断手法の 1 つとして有望視されていて，鬱病や統合失調症，顛癇（てんかん）の焦点の位置の探索などに有効だといわれてはいますが，この分野での応用は，今のところそれほど多数の診断結果が蓄積されているとはいえな

いようです．現在では脳リハビリテーションのモニタリングなどのほか，もっと基礎的な脳研究のためのツールとしての活用が主となっているようです．

それでも，ドイツの科学雑誌"*Bild der Wissenschaft*"（日本語なら「科学画報」にあたるでしょうか）にも，この装置をヒトの頭部に着けた状態の写真が紹介されていました（*Bild der Wissenschaft*, **6**, pp.24, 2015）．

●歯科治療用レーザー

比較的身近な近赤外線の利用なのに，ほとんどそれと意識されていないものに歯科用のレーザー治療法があります．以前は炭酸ガスレーザーが主で，波長が $10.6\,\mu m$ のものが主でしたが，その後ネオジムレーザー（波長 $1065\,nm$）やエルビウムレーザー（$2800\,nm$，$3500\,cm^{-1}$）が登場し，それぞれに使い分けが行われるようになりました．

なかでもエルビウムレーザーは，水分子の ν_{O-H} とちょうど重なるので，照射によって水分子を選択的に励起・加熱させることが可能です．吸収したエネルギーは熱に変わるので，細胞スケールの水蒸気爆発を起こさせ（これを「ハイドロキネティック効果」と呼んでいるらしい）て，歯牙の齲（う）蝕部や骨壊死部の除去などにきわめて有効だと報告されています．

このエルビウムレーザーは，もともとはホクロやアザなどのメラニンで黒化した細胞を選択的に破壊・除去するために導入されたもので，一時期「美容外科の救世主」とまで絶賛されたこともありました．周辺の健康な組織にはほとんど影響を与えることなく有色の部分の除去ができるので，アザなどに長いこと悩まされてきた患者各位にはまたとない福音となりました．

最近では入れ墨（タトゥー）も同じように消せるだろうということで，そちらへの応用も試みられたようですが，この場合はメラニン細胞が色の元ではないために，消したあとが変に白っぽくなって残るので，完全には消えません．「若気の至り」で身体を傷つけると，あとあとまでその結果が残るので，まあいくら流行でもお勧めできません．

================================ **Tea Time** ================================

生体の窓

　赤外線には「大気の窓」と同じように「生体の窓」と呼ばれる領域もあります．これは近赤外線のうち，体内の水分による $\nu_{\text{O-H}}$（2.8 mm）よりも短波長の部分です．パルスオキシメータや脳診断用の NIRS などに利用されているのはこの波長領域で，もっと長波長の部分（岩塩領域）は人体に吸収されてしまうので，生体の研究や診断には使えず，この狭い領域だけが利用されているのです．もっともずっと波長が長いいわゆる「テラヘルツ波」（サブミリ波）も，用途によっては有効らしいのですが，この領域の電磁波は皮膚による反射や散乱の効果が大きくなりがちなので，鳴り物入りの宣伝ほどにはあまり簡単には解決できそうにもありません．

第 26 講

身近な近赤外線の利用

● 家電用リモコン

　テレビや室内照明，ルームエアコンなどに限らず，このごろは壁のスイッチをいちいち手で操作しなくとも，手元のボタンを押すだけで，いろいろな装置や器具の電源のオン・オフが可能となりました．このリモートコントローラー（リモコン）には 940 nm（メーカーによっては 950 nm）の近赤外線が利用されていて，パルス信号で機器を識別し，以後の指示を可能とするように工夫されています．

　現在わが国で普及しているこのリモコンの信号のフォーマットは，主要な方式が 3 種類あるのですが，それぞれ「NEC 式」「家電製品協会式」「ソニー式」とよばれています．テレビ用のリモコンでは，「どの社の製品にでも応用できます」という宣伝文句がついているものがありますが，使っている近赤外線の波長が同じで，制御情報用の変調に用いられているパルスの形式が微妙に異なっているだけなので，最初にきちんと認識してくれれば，あとはマシンの方がきちんと処理してくれるのです．ただし，これが間違いなく通用するのは国内メーカーの製品だけで，諸外国の製品だとどのようなフォーマットを使用しているかはさまざまなので，誤作動の可能性は格段に大きくなるということです．

　このリモートコントローラーの信号パルス列の図については http://elm-chan.org/docs/ir_format.html をご覧ください．なお，海外のメーカー（RCA そのほか）の製品のコードまでを大きな表にまとめたウェブページ（http://www.occn.zaq.ne.jp/suntarakoubou/WIrRC/FmtList.html）もあります．

● サーモグラフィー

　最近ニュースになった「エボラ出血熱」や「中東呼吸器症候群（MERS）」の罹患の可能性のある人たちを検出するため，各地の空港でのスクリーニングにも活

用されている「赤外線サーモグラフィー」は，観測対象から放出される熱線の量を強度によって識別するものです．波長ごと（エネルギーごと）に弁別しているわけではありませんから，厳密なことをいうならば「赤外線分光学」には包括できないのですが，よく一括扱いされることもあるので，ここで手短に説明だけしておきましょう．

熱線の量を測定するのは，後述の「ノクトヴィジョン」などと同じようにその昔は軍事機密でもありました．ある意味では軍事技術のスピルオーヴァーだといえなくもありません．このサーモグラフィー装置よりもやや以前から，赤ちゃんの体温を測るために，昔風の体温計のかわりに使われるようになった「耳式体温計」などと原理的には同じです．つまり皮膚からの輻射熱の量を計測しているわけなのです．以前のものはかなり誤差が大きかったり，再現性が悪かったりして，あまり信用されないお医者様も多かったそうですが，性能も向上してだんだん市民権を得てきたようです．

ここで得られたサーモグラフのデータの表示には，いわゆる「フォールスカラー処理」により，ヒトの眼にも識別が容易となるようにコンピュータ処理された画像がマスコミによく出現しますが，「特殊なカメラを使いさえすれば本当にこんな風にさまざまな色合いに見えるのだ」と思われている方々の数は決して少ないものではありません．もちろんモニタ画面にはデータ処理した画像（ですからある意味では「特殊な装置」だともいえますが）が表示されるわけですが，赤外線自体が肉眼で見えているわけではないのです．

═══════════════ Tea Time ═══════════════

暗視装置（ノクトヴィジョン）

「サーモグラフィー」の祖型ともいえる，暗所でも物体や人間の所在を検知できる装置のことです．そもそもは微弱な光の信号を増幅して，網膜の感度が最大となる緑色付近の光に変換して観察可能とするのが目的で，対象も近紫外線から近赤外線までの広い波長領域を検知するように造られていました．アクティヴ方式とパッシヴ方式とがあり，アクティヴ方式は手元付近の光源から，肉眼では見えないほどの波長の近赤外線を放射

し，その反射光を検知する方式，パッシヴ方式は微弱な赤外線画像信号を光電子増倍管により増幅して検知可能な大きさのものに変換する機能が主となっています．

　アクティヴ方式の場合，相手方も同じような装置を持っていれば，この巨大な赤外線光源が容易に検知されてしまいますので，次第に使用は廃れてしまいました．もっとも，第二次大戦中のドイツ軍は，戦車搭載用の巨大な赤外線投光器を設置し「赤外線サーチライトとして使った」という記録も残っています．このような歴史があるため，今日でもサーモグラフィーの装置は「軍事転用が可能な装置」として輸出入規制の対象となる場合があります．

第 27 講

すばる望遠鏡と宇宙の果て

　わが国の天文学関連の科学技術の大集積ともいえる「すばる」望遠鏡は，ハワイ島のマウナケアの山頂に設置されました．富士山よりも高い海抜4200mの地点に，巨大な口径の反射望遠鏡を設置し，すでにさまざまなユニークな発見をもたらしていることは，マスコミにもしばしば取り上げられたりしますので，読者各位もご存じだろうと思います．この望遠鏡の観測領域は，可視部から近赤外部にまで広がっていて，通常の地平付近からは観測しにくい波長領域をもカヴァーできるように工夫されているのです．（地球の大気の吸収スペクトルについては，第18講のTeaTimeなどをご覧ください．）地表付近の大気には，かなりの水蒸気（温室効果のおおもとの1つなのですが）が含まれていて，これが近赤外部のスペクトル観測には著しい妨害となるのです．マウナケアはハワイの言葉で「白い山」を意味するのだそうですが，大洋中の孤立峰でもあり，富士山と同様「頭を雲の上に出し」た状態なので，大気中の水蒸気含量は低く，そのため水蒸気によるスペクトル測定に対する妨害は大幅に少なくなっていますし，天文観測には好適なのです．この山上に大望遠鏡を設置するプロジェクトに道を開かれた日系一世の方がテレビ番組のインタヴューでお話しされていましたが，「ハワイ島では，ふもとにある町々もきらびやかな照明に彩られた大都会はほとんどないので，微弱な星々の光の観測には好条件なのだ」といわれていました．現にそれまで世界一の大口径を誇っていたパロマー天文台（アメリカ・カリフォルニア州）の200インチ反射鏡が，山麓にあるサンディエゴ市の夜間照明のために性能が大幅に低下したということは，当時すでにかなり有名な話でした．こうしたことから，ハワイ島全域の街路照明はナトリウムランプだけを使用するように自主的に取り決められているそうです．ナトリウムランプの光は単純な輝線スペクトルだけなので，これによる妨害を最小限に抑えられるように工夫されているのです．

●赤方偏倚と宇宙の拡大

　波の発生源が観測者より遠ざかる方向に運動していると，観測にかかる波の波長は増加します．つまり周波数にすると逆に減少することになります．これがドップラー効果で，音波の場合は救急車やパトカーのサイレンなどでお馴染みの現象でもあります．

　可視・紫外部のスペクトル線の場合には，波長が長くなるということは赤色方向へシフトすることになるので，この現象を「赤方偏倚」ということになっています．でも宇宙は広いので，本来は紫外部にあるはずのスペクトル線が，可視部を通り越して近赤外線の領域にまでおよぶ赤方偏倚を示すものがあることが知られています．

　宇宙空間で一番豊富に存在することがわかっている元素は水素なのですが，水素原子の放出するスペクトルは，いくつかの系列を構成していることがわかっています（図43）．このあたりは初歩の物理化学の教科書にも詳しいのですが，そのなかで紫外部に出現するライマン系列の波長は，下のような一般式で表すことができます．

$$\frac{1}{\lambda} = R\left(\frac{1}{1^2} - \frac{1}{n^2}\right)$$

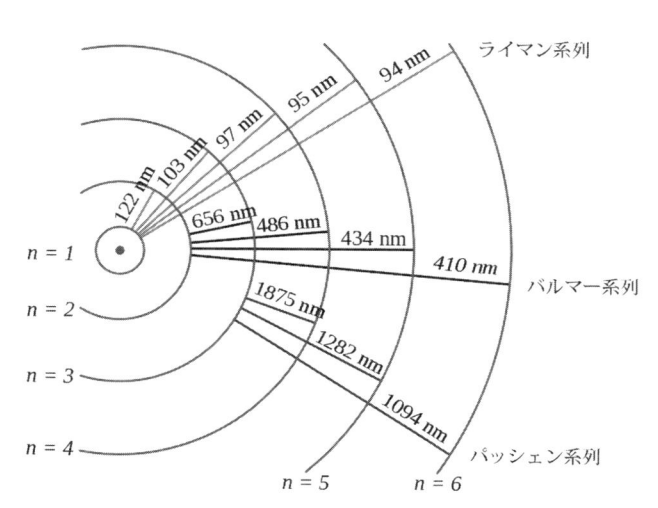

図43　水素原子からの輝線スペクトル（電子のエネルギー準位との対応）

ここで R はリュードベリー定数と呼ばれる量で，$109737.3\,\text{cm}^{-1}$（$=1.097373 \times 10^7\,\text{m}^{-1}$，単に「リュードベリー」と呼ぶこともあります．水素原子のイオン化エネルギー（$13.595\,\text{eV}$）に相当します），n は 2 以上の整数です．

この近赤外部でのスペクトル観測の結果，本来ならば紫外部にある水素原子の発する輝線として代表的な「ライマン α 線」が，不思議なことに近赤外部に表れていることがわかりました．このライマン α 線は，中性水素原子の一番低い励起状態から基底状態への遷移に相当します．ボーアの原子モデルから予測できる通り電子状態 $2\text{s}^1 \rightarrow 1\text{s}^1$ の遷移に相当し，エネルギーは $13.595 \times (3/4) = 10.196$（eV），波数に換算すると 3/4 リュードベリーですから $82236.8\,\text{cm}^{-1}$ で，波長換算では $1216\,\text{Å}$（$121.6\,\text{nm}$）で，これは可視領域の短波長側の限界よりももっと先の紫外線領域になります（ですから，普通の実験室内でこのスペクトルを測定するのは大気の吸収が大きいために結構大変で，分光系自体を真空にした状態でなければ検知できない，いわゆる「真空紫外」と呼ばれる範囲になります）．

深部宇宙の天体観測のデータが集まってくる中，測定対象の天体までの距離と，その移動速度（我々から遠ざかる方向にあるのですが）とに簡単な関係があることを発見したのはアメリカのハッブル（E. Hubble, 1889-1953）でした．遠距離にある天体ほど移動速度が大きくなっていて，その結果，ドップラー効果が如実に表れます．つまり見かけ上の波長が長くなる「赤方偏倚（red shift）」の結果，本来真空紫外部にあるはずのライマン α のスペクトル線が，可視光線の領域を通り越して近赤外部に出現するようになるのです．赤方偏倚はよく「z」で表しますが，これは観測された光の波長がもともとの光源の光の波長の何倍分ずれているかを示す値で，観測波長を λ，光源の波長を λ_0 としたとき

$$z = \frac{\lambda - \lambda_0}{\lambda_0}$$

で表される値です．

赤方偏倚は本来が比なので，「単位」として扱うには異論もあるのですが，天文学ではハッブルの法則を利用して相対距離の単位として扱うことが多いのです．

ところで，赤方偏倚の結果近赤外部にまで移動したスペクトルを与える天体（銀河など）の後退速度は，ドップラー効果の式を単純に当てはめると光速度をはるかに超えた値となってしまうのですが，これは宇宙空間の膨張の寄与が著しく大

きいことを意味しているのです．つまり，観測された赤方偏倚の値には，一様な等方宇宙でのドップラー効果と，膨張宇宙による赤方偏倚の両方の項が寄与していて，遠距離の天体ほど2番目の項の寄与が大きくなっているといえるでしょう．

●ハッブルの法則

遠距離銀河の視線方向の後退速度（V）と我々からの距離（d）との間には，比例関係があります．すなわち

$$V = H_0 d$$

というのが，発見者のハッブルにちなんでこう呼ばれています．

この H_0 がいわゆる「ハッブル定数」と呼ばれる量です．現在のところ，多くの天文学者の認めているハッブル定数の値は 72 km/s/MPc（$= 2.3 \times 10^{-18}$ 1/s）なので，この逆数が宇宙全体の年齢のおおよその値に相当するはずなのです．計算してみると

$$T = 1/H = 1/(2.3 \times 10^{-18}\ 1/\text{s}) = 4.3 \times 10^{17}\ \text{秒}$$

年単位に換算すると

$$T = 1.36 \times 10^{10}\ \text{年} = 136\ \text{億年}$$

となります．

もっとも，ESA の宇宙背景放射観測用の人工衛星「プランク」の 2013 年の観測結果から求められた値は 67.80 ± 0.77 km/s/MPc なので，こちらの値を使って計算しなおすと，宇宙の年齢はさらに 7% 程度長い 1.47×10^{10} 年になります．

═══════════════════ **Tea Time** ═══════════════════

超遠距離銀河と赤方偏倚

ここでいう「赤方偏倚」は，天文学で用いられる相対距離のことです．宇宙が膨張していると，遠距離にある銀河ほど地球からの後退速度は大きくなる（ハッブルの法則）のですから，スペクトル線の波長はドップラー効果により長くなるはずです．光の波長がもともとの値より $(z+1)$ 倍になったとき，この「z」を赤方偏倚というのです．

たとえば「かみのけ座銀河団」は銀河数 1000 個以上，距離 2 億 9000 万光年で，赤方

偏倚 0.0232 となっています．理科年表などに載っている遠い銀河の赤方偏倚は最大で 1.273 ですが，ハワイのすばる望遠鏡で 2006 年に観測された，当時宇宙で最も遠いとされた銀河は（同じく「かみのけ座」にあるのですが），赤方偏倚 6.964，距離に換算すると 128 億 8000 万光年ということになります．2015 年現在，観測されている z がもっとも大きい（すなわち最遠方にあると考えられる）天体は，「z」= 10.7 の銀河（？）MACS0647-JD か，または「z」= 10.3（11.7 という説もあり，不確かさが大きい）の UDFj-39546284 とされています．ただし，z が 7 より大きい（つまり遠距離にある）銀河の場合，強度が小さいために分光法によってライマン α 線をまだきちんと検知できてはいません（上述 z に「」を付しているのはそのためです）．

　すばる望遠鏡のウェブページ（http://subarutelescope.org/j_index.html）で最新の観測結果の紹介をみることができます．

第 28 講

「遠赤外線」とは

　いわゆる岩盤浴や電気コタツなどで，この「遠赤外線」が健康によろしいという宣伝文句がよくみられます．遠赤外線が人体におよぼす効果は現在においてもきちんと判明しているわけではなく，なんでもこの遠赤外線によるものといって健康関連グッズの宣伝に使われる傾向があるようです．遠赤外線サウナ，遠赤外線風呂などになりますと，正体がよくわからないものも含まれているらしいのですが，ひとつにはここでの「遠赤外線」がどのぐらいの波長（波数）領域を指すのか，ほとんどの場合明示されていないからでもありましょう．

　前に紹介してきた近赤外線（波長にして 0.7～3 μm），中赤外線（岩塩領域，3～30 μm）よりは長波長であることには間違いないのですが，分野によってどこを境界とするかがはっきりしていないのです．

　ある「赤外線治療」のパンフレットでは，「赤外線の中でも 4～25 ミクロンまでを遠赤外線，25～1000 ミクロンまでを超遠赤外線と呼びます．」となっていますが，波数に直したらここでの「遠赤外線」は 2500～400 cm^{-1} ですから，いわゆる岩塩領域（普通の中赤外線）とほとんど完全に重なってしまいます．

　人体に対しての赤外線の透過性は，波長が長くなるにつれて大きくなります．つまり分子振動による吸収の効果が小さくなって，体組織の深いところまで届くようになり，人体を構成する巨大分子骨格の振動などに影響するようになります．電気ストーヴなどからの熱は，比較的波長の短い赤外線分が多い（赤く見えるぐらいでないと，普通の人間は暖かさを感じにくいのだそうです）ので，なかなか身体の芯まで暖まらず，往々にして皮膚に火傷まがいの症状が現れたりするのはこのためでしょう．

　やはり人体その他の対象物への相互作用までを考慮すると，前にも示した ISO による分類（ISO 20473）のように，波長 50 μm あたりを一応の境界としておく

方が安全に思えます．長い方は1000 μm，つまり 1 mm ぐらいまでの範囲で，いわゆるサブミリ波やテラヘルツ波もほとんどこの中に入ってしまいます．念のためにもう一度同じ表を掲げておきましょう．

区　分	略　称	帯　域
近赤外線	NIR	0.78～3 μm
中赤外線	MIR	3～50 μm
遠赤外線	FIR	50～1000 μm

　鹿児島県の指宿にある有名な「砂湯」は，砂浜の下に 80～100℃ ほどの温泉水の脈が通っていて，その熱で温められた砂の中に，浴衣を着た入浴客が身体を入れるシステムです．もちろん自分一人で身体を砂に埋めるのはかなり難しく，普通は宿などの係員がスコップを持って砂を掛けて埋めてくれるのですが，頭部だけは手拭いかタオルを枕として露出するようにして，残りの全身を温めることになります．100℃近い温度の砂からの輻射と伝導の効果なので，生卵を埋めておくと固茹で卵をつくることも可能です．

　この時の砂の温度は 80～100℃，およそ 360～373 K にあたり，黒体輻射のグラフからすると，7～8 μm に極大を持つ輻射強度曲線となるはずですから，長波長成分も普通のお風呂の湯（42～43℃）に比べるとかなり余分にあり，そのために身体の深部まで熱が通るので血行が良くなるというのももっともだといえます（もっとも浴槽の湯で身体が温まるのは熱伝導の寄与のほうがずっと大きいので，直接比較するのにはちょっと問題がありそうです．が，まあ宣伝文句ですから物理

図44　砂湯（鹿児島県指宿市・摺ヶ浜温泉）

学の先生のように厳密な表現を使って，かえって意味不明で誤解を招くよりはましでしょう）．

●地球からの輻射

皆既月蝕の折に，地球の影が月面に映るのを実際に見られた方々も少なくないことと思います．皆既日蝕の場合には，地球上に映る月の影は暗黒（本影）なのですが，月蝕の場合には黒色よりむしろ赤黒い影が普通に見られます．これは地球表面からの輻射（ほぼ310～320 K の黒体に相当するのですが）の短波長側の成分が，可視光領域の末端部（赤色部分）にかかっているからなのです．

人工衛星などの大気圏外からの観測装置にはよく赤外線撮像装置が搭載されていますが，大気圏外で観測することで，いろいろな雑音となる赤外部の輻射の高度を大幅に抑えることができます．くわしくは後述の JAXA の松原英雄先生のウェブページなどをご参照くだされればよろしいかと思いますが，可視・紫外光線で見た宇宙の姿と，近赤外線や遠赤外線で観察した宇宙の姿はずいぶん違ったものであることがよくわかります．

図 45 の滑らかな線はいろいろな温度における黒体輻射の輻射強度（元文献では

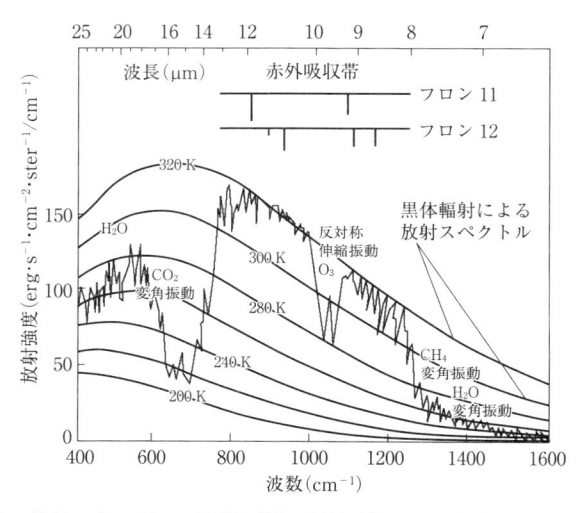

図 45 地球の放射エネルギー（黒体輻射）と温暖化ガスの赤外吸収スペクトル［http://www.shse.u-hyogo.ac.jp/kumagai/eac/ea/photometry/ir.htm（2015 年 6 月閲覧）］

「放射強度」となっていますが，この2つはよく混用されていて，極端な場合には同一の論文の中に両方が混在している場合すらあります．本書では努めて「輻射」のほうを使うように心がけていますが，引用の場合にはオリジナルの表記を無理に直すようなことはしていません）で，実際の大気中の種々の分子による吸収の影響を除くと，ほぼ 310～320 K の曲線になると推察可能です．この短波長の裾にあたる部分が可視領域にかかってきたのが，「地球の影」が赤っぽい色調を呈する原因なのです．

　このような輻射強度の波長（波数）分布は，ヴィーンの法則（実際にはプランクが量子論を応用して補正したもの）で巧みに表現できますので，特に天文学の分野では「○ K 輻射」という表現がよく用いられます．星間空間や惑星間空間からの赤外線などもこのように表現されますし，宇宙背景輻射はよく「3 K 輻射」（正確には 2.735 K 輻射なのですが）などと呼ばれます．もっともこれは波長にしますと 11 mm にもなり，ミリ波を通り越してセンチメートル波（俗にいう「マイクロ波」）領域に入ってしまいますが，慣例として遠赤外線の一部として扱っているようです．

●遠赤外線による全宇宙の探査

　JAXA の松原英雄先生が東大教養学部で講義に使用されたプリント（http://www.ir.isas.jaxa.jp/~maruma/kougi/sec1_121006.pdf）には，遠赤外スペクトルの観測機，「あかり」で観測した4種類の波長（65 μm，90 μm，140 μm，160 μm）による全天画像が紹介されています（微妙な色調の違いなどモノクロでは判別しがたいので本書への転載は断念しました．各波長ごとの画像は，JAXA による「あかりプロジェクトサイト」http://www.ir.isas.jaxa.jp/AKARI/ で見ることができます）．

　「あかり」の観測波長は，いわゆるテラヘルツ分光学の対象となる領域までを含んでいますので，いわば「遠赤外線」分光と「テラヘルツ分光学」との橋渡しでもあります．赤外線での画像は，波長が長くなるほど低温の星間物質の分布を示してくれるのですが，このような物質は，天の川から上下方向にずっと広がっていることがわかります．この差は 90 μm と 140 μm の2波長の画像の間で特に顕著にみられます．

= **Tea Time** =

火山のリモートセンシングと赤外線観測

　最近では箱根の大涌谷の噴火（小規模の水蒸気爆発？）の報道などでも活躍しているようですが，もともと火山のリモートセンシングや火災現場の捜査などでは，煙や水蒸気，霧状の水滴などによる吸収や散乱のために視界が大幅に遮られてしまうのを避けるために，もっぱら赤外線撮像装置が活躍する場でありました．この際には波長にして7.5〜15 μmの領域（波数にするとおよそ1200〜600 cm^{-1}）つまり水分子の変角振動（1600 cm^{-1} の吸収）よりも低波数側の領域が選ばれています．最近噴火した鹿児島の口永良部島の活動状況の観測にも，大活躍をしているようです．ふもとからでは噴煙や霧のために観測が難しい地点からでも，貴重な情報を得ることが可能となったのです．

　これよりは多少古いものではありますが，海上保安庁の方々が2015年4月27日に撮影された小笠原群島の西之島の状況の赤外線画像がウェブページ（http://www1.kaiho.mlit.go.jp/GIJUTSUKOKUSAI/kaiikiDB/kaiyo18-2.htm）にありますので，興味のある向きは一度ご覧になるとよろしいでしょう．熔岩の流れのほか，落下した火山弾や，地表のあちこちにあるホットスポットが多数の鮮やかな輝点として認められるのは，新聞やTVなどの写真とはまたずいぶん違った情報を与えてくれることがよくわかります．

第 29 講

「テラヘルツ分光学」

　電波の分類は，第1講で紹介した総務省「電波利用ホームページ」にもありますように，波長の一桁ごとに名称が与えられています（図2参照）．「メートル波」「センチ（メートル）波」「ミリ（メートル）波」のようになっているので，このうちのいくつかは目にされた方々も多いことと存じます．波長が1 mm より短い部分の電磁波は以前から「サブミリ波」とよばれてきたものです．このような分類は，無線通信やラジオ，テレビなどの分野で，発振器や受信機などそれぞれの波長域ごとに特化・工夫されてきたといえるかもしれません．

　ところがこれとは別に，周波数単位による分類もあり，キロヘルツ波，メガヘルツ波，ギガヘルツ波のような分け方も行われてきました．このような分類方式の違いは，電波物理学を専門とされる研究者（周波数重視）と，実際の無線通信技術に重点をおくエンジニアやアマチュア無線家（波長重視）などそれぞれの便利さに基づいたものらしく，以前はそれぞれに別世界さながらの使われ方が行われていたということです．ただこちらの名称はもっと広くなっていて，たとえばメガヘルツ波と呼んだ場合には周波数が 1 MHz 以上 1 GHz 未満，つまり波長にすると 300 m から 0.3 m ぐらいを指すので，現在のように電波の用途が多岐にわたってくると，このままではいささか大づかみにすぎ，上記の総務省のウェブページにあるように，もっと細かい分類が普通に行われるようになりました．また，実用面から特定の周波数帯に「○○バンド」のように名称を与えることも行われ，むしろこちらの方が普通となっている領域もあります．

　ところが「テラヘルツ波」は波長にすると 0.3 mm から 300 nm の領域にあたるわけで，その昔「サブミリ波」と呼ばれた領域から赤外線，可視光線，さらに近紫外線の領域までを全部含むことになってしまいます．さすがにこれでは大づかみにすぎると思われたのでしょうが，現在用いられている「テラヘルツ波」が

指しているのは，サブミリ波とほぼ同じ，つまり「極遠赤外線」を対象とした分光学を意味しているようです．

どうして今まであまり話題にならなかったのかというと，やはりいろいろと解決の難しい問題があったからなのですが，電波の方面からみると，発生のためにやたらに精密で大がかりな装置が必要となること，それに感度の優れた検出器がなかなかできなかったことが原因だろうと思われます．赤外線分光学の側でも，どちらかというと分子の形状や運動性などに興味の重点があり，その意味ではサブミリ波領域はあまり貴重な情報を与えてくれそうもない，という事情がありました．

でも半導体素子の利用によって，コンパクトなパルス発生器が開発され，また検出器の方もかなり長波長までカヴァーできるビスマスや鉛のテルル化物などがつくられたことで，以前よりも測定がずっと簡便になり，その結果新しい用途がひらけてきたともいえます．ただ，このサブミリ波領域には化合物の分子由来の吸収はもともとほとんどないので，よく「化学物質を見分ける新しい眼」なんてのを呼び物にしている宣伝文句がありますが，これはいささかマユツバに思えます．大体「化合物の構造を見分ける」目的であれば，中赤外部のピークの吸収位置と強度の方がずっと情報量は豊かですし，装置も普及しています．

ただ，化合物による吸収が小さいということは，裏返すと透過性に優れているということでもありますから，試料の内部に存在する不均一性の検出，つまり非破壊検査などには向いているということになります．

現在はまだ，どちらかというと玄人の研究者がいろいろと手を尽くして信頼のおけるデータベースを構築の途上の段階だと思われますが，それでも郵便物等の内部に隠蔽された禁止薬物の検出などにはきわめて有望であるという報告がありますし，食品，農産物の品質検査なども非破壊的，かつ迅速に行うことができるので，むしろこれからの期待の対象となる部分が大きいかといえます．そのなかで，理化学研究所の保科宏道先生が率いておいでのテラヘルツ分光のチームの報告「テラヘルツ分光による高分子高次構造の解明」にあった興味ある測定例を紹介しておきましょう（他の先生方のテラヘルツ分光の報告では，これほど説得力に富んだスペクトルの図が掲げられているものはなかなか見つからなかったのです）．

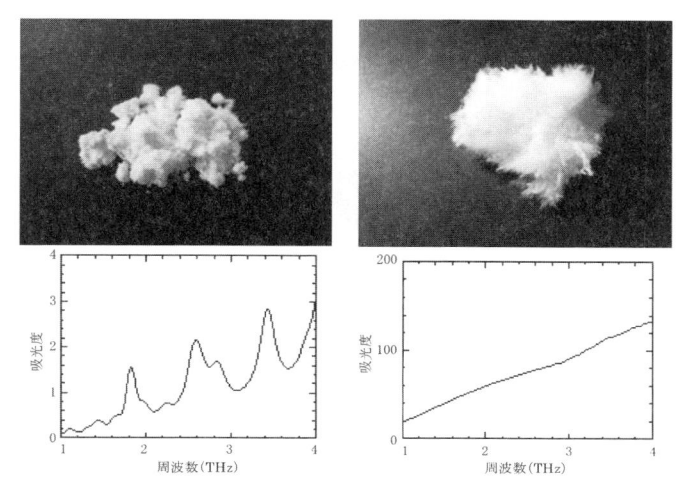

図 46 結晶性スクロースとアモルファススクロースのテラヘルツ吸収スペクトル [http://www.riken.jp/lab-www/THz-img/hoshina/currentresearch.html]
左：結晶性スクロース（粉砂糖），右：アモルファススクロース（綿菓子）．

　テラヘルツ分光に相当するエネルギーは，通常の赤外線に比べると2桁程度小さいものですから，比較的大きな質量の分子や結晶などの「分子間振動」をとらえることができます．有機化合物や生体物質などでは，水素結合に由来したピークが現れますが，これらは存在状態によって大きく変動するものですから，分子全体，あるいはその集合体がどのような存在状態にあるかを示す指紋のような特徴を利用したキャラクタリゼーションの強力な手段となり得ることになります．

　図46の2枚の図は保科先生がご自分で測定された結晶性スクロースとアモルファススクロースのテラヘルツ吸収スペクトルです．スクロース（蔗糖）自体は分子量342ですから特に巨大な分子ではないのですが，その存在状態の違いでこれほど明瞭なスペクトルの違いが現れるのですから，分子の集合状態を探る手段として有望なことがよくわかります．

=============================== **Tea Time** ===============================

寒極天文学

あまり耳慣れない言葉ですが，南極大陸の氷冠の高地に電波望遠鏡を設置して，深宇宙からのテラヘルツ波を受信することで，宇宙創成時の詳細なデータを獲得しようというプロジェクトが進行中です．

近赤外線や遠赤外線領域の観測には，ハワイ島の「すばる」や南米チリのアタカマ沙漠につくられた「ALMA」がすでにさまざまな成果を上げていますが，テラヘルツ波領域となるとこれらでも制限が多すぎて，もっと条件の良い観測点として南極大陸の中央部にある高地にある観測基地が候補に挙がっているのです．もちろん大気圏外に人工衛星を飛ばしてデータを取得する「あかり」や「COBE」のようなプロジェクトもすでに始まっているのですが，人工衛星の宿命でもありましょうが観測機器に寿命がくると，それでおしまいということになってしまいます．

わが国の建設した観測基地の「ドームふじ」は，東南極の中央部，高度3810 mの地点にあり，風も弱く平均気温 -80 ℃の比較的安定した気象状況のもとにあります．これほど低温だと，空気中の水蒸気量は著しく低く，サブミリ波からテラヘルツ領域の観測に妨害となる水蒸気の影響を大幅に低下させることが可能で，近い将来口径10 mほどのパラボラ型のテラヘルツ領域用望遠鏡を設置して，遠方の銀河の観測や宇宙構造の解明を行おうというのです．超遠距離銀河は若い年齢のものが多いはずなので，このあたりの情報は大変に貴重なのです．

ただ，南極大陸の中央部までこれほど巨大なパラボラアンテナを運搬し，現地で組立，調整するのはまさに前人未踏の大プロジェクトです．輸送手段，設営，さらには極寒の地における指向精度の確保など前例のないことばかりですが，いずれめざましい成果の報告がもたらされることが期待できそうです．

第 30 講

黒 体 輻 射

● ヴィーンの式とレイリー–ジーンズの式

　赤外分光光度計の光源は高温に加熱した炭化ケイ素などが利用されているのですが，これからの熱輻射のスペクトルはほぼ「黒体輻射」で近似することができます．黒体輻射は恒星の表面温度の推定など，さまざまな方面に活用されるので，19世紀の末ごろからいろいろと研究が行われてきました．なお物理学の方面ではこの「radiation」に対して「輻射」と「放射」という2通りの訳語が使われていて（極端な場合には，同一の報告や論文の中に両方の表現が登場していた場合すらありました），この中では「輻射」の方が歴史のある言葉なので，本書もなるべくこれに従うことにします．もっとも引用文献の中などでは原報の言い回しを優先しましたので，必ずしも統一がとれていないところもあります（「放射」を好まれない先生方が少なくないのは，「radioactivity（放射能）」との混同を避けたい，むしろはっきりと区別したいということなのだそうです．確かに現実には（わざと？）間違った使い方をされる向きも少なくないようです）．

　黒体からの輻射の波長分布をみると，1つの極大があり，長波長側に長く尾を引いた形の分布をしています．その波長は光源である黒体の絶対温度に逆比例しています．この関係を表したのが「ヴィーンの変位則」で，

$$\lambda_{\max} = \frac{b}{T}$$

のような簡単な式で表現できます．b は $b = 2.8977721(26) \times 10^{-3}$ K·m という値ですが，これはよく「ヴィーンの第二輻射定数」と呼ばれています．

　熱輻射の極大波長（$\lambda_{\max}$）は発熱体（黒体）の温度（T）に逆比例します（ヴィーンの変位則）．図48はこの様子を図示（ただし横軸は摂氏温度で刻んでありますが）したものです．

第30講　黒体輻射

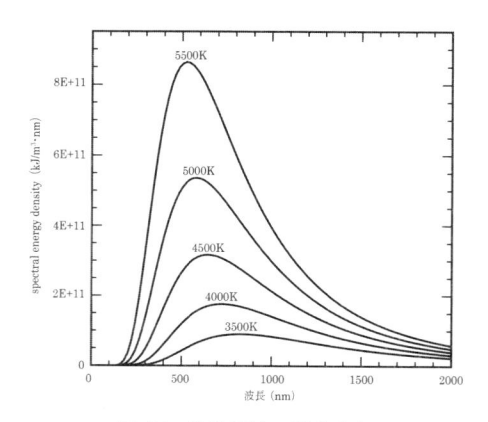

図47　黒体輻射の温度分布

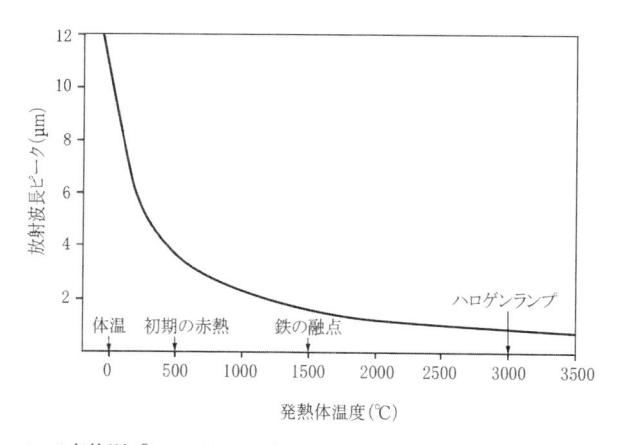

図48　ヴィーンの変位則　[http://www.heat-tech.biz/products-hph/hsh-gj/hsh-gj-hhn/hsh-gj-hkb/1709.html]

　黒体輻射のエネルギー分布はヴィーンの式（下記）でほぼ近似でき，分光輻射密度の極大位置も巧みに説明できるのですが，これよりも長波長側（低振動数側）の計算値が実測と一致しないことが知られていました．

　分光輻射輝度 $f(\lambda)$ を表すヴィーンの式は，今日の我々にお馴染みの記号を使って書いてみると，下のようになります．

$$f(\lambda) = \frac{2\pi h c^2}{\lambda^5} e^{-hc/k\lambda T}$$

一方，古典統計力学の手法でこのエネルギー分布を計算しようとしたレイリー（J. W. Strutt, 3rd Baron Rayleigh, 1842-1919）とジーンズ（J. Jeans, 1877-1946）の2人の立てた式

$$f(\lambda) = 8\pi k \frac{T}{\lambda^4}$$

では，逆に長波長側の方の実測値との一致はかなりいいのに，強度ピークは出現せず発散してしまうのです．

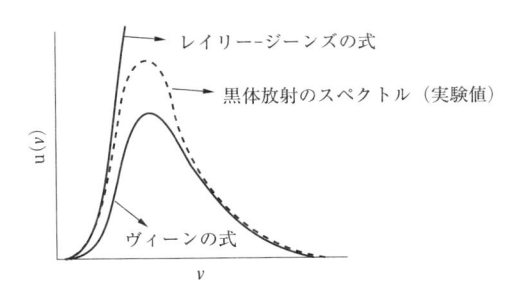

図49 レイリー-ジーンズの式およびヴィーンの式と実際の黒体放射スペクトルとの対照

このような矛盾点を巧みに処理して，輻射強度の光源温度依存性を1つの式にまとめたのはプランク（M. Planck, 1858-1947）の功績ですが，これこそ「量子論」の基礎となった重大発見の1つでもありました．

彼の補正した式は次のようになります．

$$f(\lambda) = \frac{8\pi hc}{\lambda^5} \frac{1}{\mathrm{e}^{hc/k\lambda T} - 1}$$

このプランクの式で，$h\nu/\kappa(hc/\lambda kT) \gg 1$ と近似すると，上のヴィーンの式と同じように λ^5 に逆比例する形の式となります．

これで黒体輻射の全波長領域の実測値を巧みに表現できる式が得られたわけで，よくみるのは横軸を波長で，縦軸を輻射輝度にとって描いたもの（図47）のほか，両対数方眼紙を用いていろいろな温度における輻射輝度を描いたもの（たとえば図50）がお馴染みです．

常温付近における黒体輻射については，第28講の地球の輻射エネルギー（黒体輻射）と温暖化ガスの赤外吸収スペクトルのところをご参照下さい．

もっと温度の低い部分を同じような両対数方眼紙にプロットすると図51のようになります．

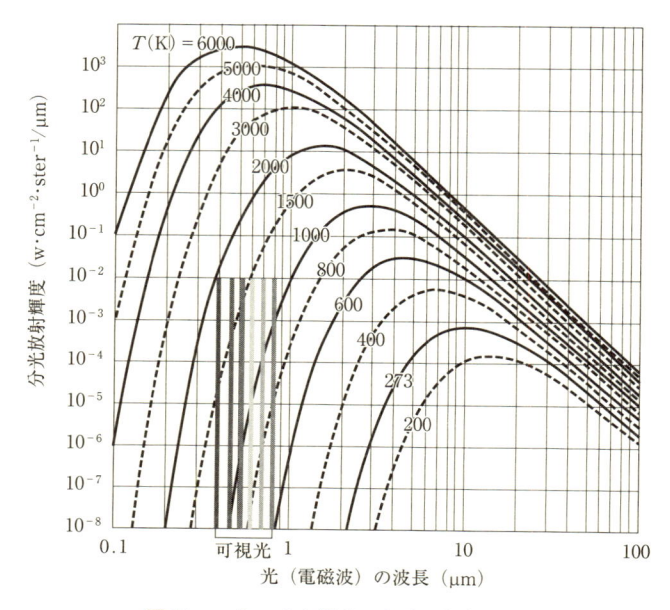

図 50 いろいろな温度における輻射輝度

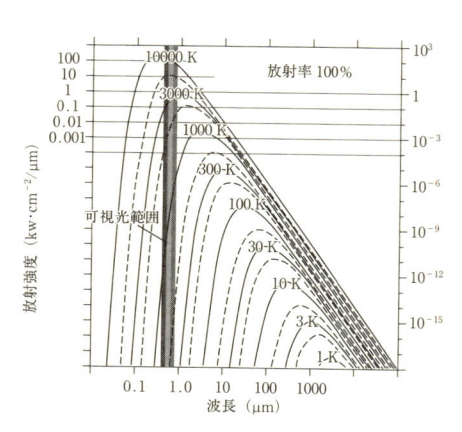

図 51 図 50 よりも低温部における輻射輝度 ［http://www.heat-tech.biz/products-hph/hsh-gj/hsh-gj-hhn/hsh-gj-hkb/1709.html］

= **Tea Time** =

発熱体の色調と温度の関連

　高温の物体の色調からおよその温度を推定することは，以前からその道のプロの修業として行われてきました．わが国の刀鍛冶ならば，炭火の炉の中で加熱した玉鋼を，師匠がヤットコで取り出し，これをカナトコの上に「トン」と置いて，場所を決めて小槌で「テン」とたたくと，向かい側に待ち構えていた弟子が大槌（向う槌）で「カーン」と叩く操作を繰り返して鍛造を行う流れになっていました．そのため「トンテンカン」は鍛冶屋さんの別名にもなっていて，落語などにもたびたび登場するぐらいです．

　岩石や鉱物などのなかなか分解しにくいものは，粉砕した試料をルツボに入れて融剤を加え，バーナーで加熱して融解させることで溶解可能な形にするのが以前の常法でありました．現在ではルツボの材料も以前に比べるとずいぶん多彩となりましたし，使える試薬の類や加熱装置もいろいろと入手可能となったので，昔風の熔融塩分解方法が登場する機会は減ってきましたが，このときのルツボや熔融物の色調から経験的におよその温度を知ることは，以前は分析化学の初学者にも常識としてたたき込まれたものでした．およそのところ下のようになっています．

渋暗赤色	520℃
暗赤色	700℃
赤色	850℃
輝赤色	950〜1000℃

　このような色調の変化は，実は「黒体輻射」の強度分布を人間の網膜がどのように感じているかの違いなので，もちろん個人差はありますが，慣れてくるとかなり再現性が良く（つまり正確に）なってきます．混合融解塩系の場合など，融点（共融点）が決まっていますから確認しやすいのです．

　なお，翻訳の分析化学のテキスト類には，この色調の変化の表によく「桜赤色」という表現があったものですが，この「桜」はわが国人にとっては普通の桜の花の色ではなく，実はスーパーなどでお馴染みのアメリカンチェリーの「黒赤色」を指しているので，さすがに今では使われなくなりました．でも英語の「cherry-red」をこう翻訳する向きはあとを断たないようです．

　ノンフィクション作家として有名な佐木隆三氏は，若い頃八幡製鉄（現在の新日鐵住

金）に長いことお勤めだったのですが，創立当時からのヴェテラン技術者として高名な田中熊吉翁の伝記『高炉の神様―宿老・田中熊吉伝』（文藝春秋，2007）を書いておられます．このなかにも，まだ高温領域の信頼できる温度計がなかなか入手しにくかった時代，高炉内の熔融銑鉄の色調を頼りに，出銑（高炉内の銑鉄の取り出し）の時点を決めるという神業のような操作が行われていたと記録しておられます．

赤色矮星

「白色矮星」の方は，シリウスの伴星そのほかで比較的世人にも馴染み深いようですが，黒体輻射の例として挙げておく必要があると思われるものに「赤色矮星」があります．これは白色矮星に比べると表面温度がずっと低いので，同じ「矮星」でもずいぶん違った特性をもっています．

恒星の温度と明るさの関係を図示したヘルツシュプルンク-ラッセル図（H-R 図；図52）をみると，左上から右下へと連なる恒星の群がみられます．これが「主系列星」とよばれるグループで，左側の星ほど高温で明るい（つまり構成している水素原子核の核融合が盛んに行われている）ものであることがわかります．我々の太陽はこのちょうど中央部に位置していて，ある意味では典型的な恒星の代表であるともいえます．

この主系列の右下側のグループ（おもに M 型の恒星）は，質量も小さく，エネルギー

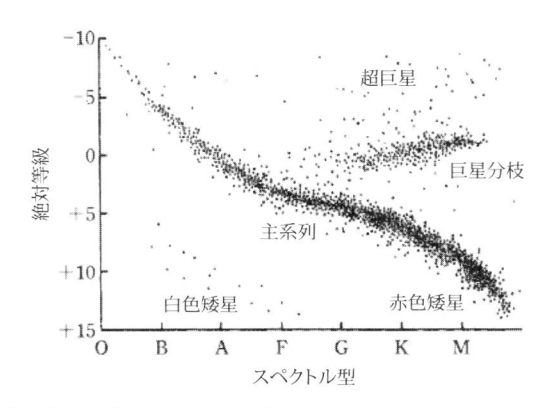

図52 太陽近傍の星に対するヘルツシュプルンク-ラッセル図（H-R 図）［山崎　昶編著，2006，『法則の事典』，p.327，朝倉書店］

の源となる水素も少ないために，核融合による消費量も少なくなり，結果的に長寿命となります．現在の推定値では短くても数百億年，長ければ数兆年に及ぶものもあるということです（逆に，主系列の左上にいくほど星は「太く短く」短寿命となります．系列中央部に位置する我々の太陽の寿命は100億年程度）．これだと現在の我々の宇宙の年齢（約137億年）よりも大幅に長くなるので，宇宙空間に存在している恒星の大部分はこの赤色矮星に分類されるもののはずですが，何しろ暗いので検出がきわめて難しいのです．

　赤色矮星のサイズや明るさは多種多様なのですが，太陽系に最も近い恒星のプロキシマ・ケンタウリは，質量・半径がともに太陽の7分の1程度，可視光での明るさはおよそ2万分の1（$1/1.8 \times 10^4$）に過ぎません．条件に恵まれた場合を別とすると，詳しい観測・研究が行われるようになったのは比較的最近（21世紀になってから）のことです．最近になって，惑星を持っている赤色矮星の発見の報告もありました．

索　引

ア　行

アイテール　18
アインシュタイン　19
青柳卓雄　97
「あかり」　119, 124
「アミドⅠ」吸収帯　74
「アミドⅡ」吸収帯　74
アミド結合　74
アメリカ国立標準技術研究所　86
アモルファススクロース　123
アンヴィル　26
暗視装置　109

鋳型　28
移動鏡　15, 17
インターフェログラム　11, 16

ヴィーンの式　126
ヴィーンの第二輻射定数　8, 125
ヴィーンの変位則　8, 125
ヴィーンの法則　119
ヴェネラ　58

液体試料　24
液膜試料　65, 66
エルビウムレーザー　106
遠赤外線　116

桜赤色　129
岡　武史　49
オキシヘモグロビン　69

カ　行

皆既月蝕　118
カイザー　7, 38
回折格子分光器　13
火山のリモートセンシング　120
刀鍛冶　129
家電用リモコン　108
可動鏡　16
カプロラクタム　62
加法定理　53
かみのけ座銀河団　114
岩塩板　10
岩塩領域　6, 10, 12, 35, 91, 107, 116
環境関連物質　88
寒極天文学　124
換算質量　43
鑑識化学　72
干渉図形　16
岩盤浴　116

帰属　40
気体状酸素　69
吸光度　94
吸収スペクトルの表　77
キルヒホッフ　9
記録装置　10
金星探査機　58
金星の雲　58
近赤外線領域　6
近赤外分光　91

カ行（続き）

口永良部島　120
クラークの三法則　9
クリーンアップ　28

結合音　46
検出器　20
検出部　10
検波回路　53

光学系　11, 15
光源　11
光源部　10
交互禁制律　68
光速度不変の実験的証明　19
高調波　46
高分子高次構造　122
光路長　31, 46
黒体輻射　8, 125
固体試料　24
固定鏡　15, 17
コニカミノルタ　97
コブレンツ　35, 38, 42, 82
コント　9

サ　行

撮像素子　22
サトラー　82
サブミリ波　4, 38, 107, 121
サーモグラフィー　108
産業技術総合研究所（産総研）　65, 85
三重結合の伸縮振動　51
三水素陽イオン　49
酸素化ヘモグロビン　97

索　引

酸素飽和度　98, 100

歯科治療用レーザー　106
脂環式化合物　74
シグマ・アルドリッチ社　86
自作錠剤成形器　28
シーズ線　11
実験ガイド　23
指紋領域　55
遮熱塗料　76
シャンポリオン　45
集積回路　14
周波数　6, 7
錠剤成形器　25
焦電性　21
静脈認証　103
食品の近赤外吸収　92
信号／雑音比（S/N 比）　22
伸縮振動　44, 46, 54, 57, 66, 72, 81, 93
振動　7
振幅変調　53

砂湯　117
スネークオイル　33
「すばる」望遠鏡　111, 115, 124
スペクトル測定の手順　30

生体の窓　107
赤外顕微鏡　14
赤外線カメラ　22
赤外線投光器　110
赤外線の発見　1
赤外線の分類　1
赤色矮星　130
赤方偏倚　112
繊維素材　89
繊維の鑑別　72
全反射測定法　32

総務省　7
空の青　95

タ　行

大気の窓　80
対称二原子　31
ダイレクション　23
多重反射方式　31
田中熊吉　130
弾性定数　43

地球表面からの輻射　118
中間生成物の赤外吸収スペクトル　62
中性水素原子　2
中赤外線　6
超遠距離銀河　114
調和振動子　43

データ処理装置　10
テラヘルツ　7
テラヘルツ波　11, 38, 91
電気コタツ　116
電波で見た宇宙　2
電波利用ホームページ　3, 4

透過可能な材料　10
透過率　37
ドップラー　83
ドップラー効果　89, 112
塗料や被覆材料　88

ナ　行

ナイキスト　82

ニクロム線　11
西之島　120
二波長分光　100
二波長分光測定　98
二波長分光法　102

ヌジョール　33, 59

ヌジョール・ムル　25
ヌジョール・ムル法　30

ネオジムレーザー　106
熱素　28, 29
熱電堆　20, 39
熱輻射　9

ノクトヴィジョン　109

ハ　行

倍音　46
ハイドロキネティック効果　106
はさみ振動　67, 72
ハーシェル　1
　——の実験　5
波数　6, 7, 8, 37, 38
波長　6, 7
発光ダイオード　99
ハッブル　113
　——の法則　114
ハッブル定数　114
バニリン　40
半透鏡　15, 16, 17
ハンドプレス　27, 28

非会合状態　47
光ファイバー　93
微細構造　2

輻射温度　8
ブーゲの法則　94
プランク　114
フーリエ　45, 53
フーリエ展開　53
フーリエ変換　53
フーリエ変換分光システム　15
プリズム分光器　12
分光計　10
分光系　11

分光分析法　9
分散系　10
分子からの手紙　35, 40
分子間会合　47
分子構造で吸収　36
分子の指紋　36
ブンゼン　9

米国環境保護局　88
ベックマン転位　62, 64
ヘルツシュプルング-ラッセル
　　図　130
ベールの法則　94
ペレット　25
変角振動　44, 72, 81

ホットスポット　120
ボロメータ　20
　　──の歴史　22

マ　行

マイクロボロメータ　20
マイケルソン　18
マイケルソン干渉計　15
マウナケア　111
窓材料　14

ミー散乱　96
水の青　44, 95

耳式体温計　109

モル吸光係数　95

ヤ　行

有機リン化合物　89
遊離ヘモグロビン　97

熔融塩分解方法　129

ラ　行

ライマン α 線　113
ラヴォアジェ　28
ラングレー　20, 22
ランベルトの法則　94
ランベルト-ベールの法則　95, 99

硫酸トリグリシン　21
リュードベリー　7

レイリー散乱　96
レイリー-ジーンズの式　127

ロゼッタストーン　45
ロックフェラー財閥　33

ワ　行

綿菓子　123

欧数字

21 cm 線　2
3 K 輻射　119
ATR 法　32
CO_2 バンド　46
DTGS　21
ISO による分類　116
JAXA　119
KBr ディスク　25
KBr ディスク（錠剤）　59
KBr 領域　12
KRS-5　10
LED 光源　11
NBS　39
NIR　91
NIRS　105, 107
NIST　86
SDBS　73, 85
SDBS データベース　65
SI システム　6
S/N 比　22
TGS　21
X-H 領域　47

著者略歴

山崎　昶
やまさき　あきら

1937 年　関東州大連市に生まれる
1960 年　東京大学理学部化学科卒業
1965 年　東京大学大学院理学系研究科博士課程修了　理学博士
　　　　東京大学理学部助手，電気通信大学助教授を経て
2003 年まで日本赤十字看護大学教授

やさしい化学 30 講シリーズ 4
赤外分光 30 講　　　　　　　　定価はカバーに表示

2016 年 3 月 25 日　初版第 1 刷

　　　　　　　　著　者　山　崎　　　昶
　　　　　　　　発行者　朝　倉　誠　造
　　　　　　　　発行所　株式会社　朝　倉　書　店
　　　　　　　　　　　　東京都新宿区新小川町 6-29
　　　　　　　　　　　　郵便番号　162-8707
　　　　　　　　　　　　電話　03(3260)0141
　　　　　　　　　　　　FAX　03(3260)0180
　　　　　　　　　　　　http://www.asakura.co.jp

〈検印省略〉

© 2016〈無断複写・転載を禁ず〉　　新日本印刷・渡辺製本

ISBN 978-4-254-14674-5　C 3343　　Printed in Japan

JCOPY　〈(社)出版者著作権管理機構　委託出版物〉
本書の無断複写は著作権法上での例外を除き禁じられています．複写される場合は，そのつど事前に，(社) 出版者著作権管理機構 (電話 03-3513-6969，FAX 03-3513-6979，e-mail: info@jcopy.or.jp) の許諾を得てください．

前お茶の水大 太田次郎総監修
前日赤看護大 山崎　昶編訳

カラー図説 理 科 の 辞 典

10225-3　C3540　　A 4 変判 260頁 本体5600円

理科全般にわたる基本用語約3000を1冊にまとめた辞典。好評シリーズ「図説 科学の百科事典」の「用語解説」の再編集版。物理・化学・生物・地学という高校レベルの理科基本科目から、生態学・遺伝といった分野までの用語を50音順に収録。関連図版も付す。これから理科を本格的に学ぼうという高校生の学習にも有用なコンパクトな辞典。教員やサイエンスコミュニケーターなど、広く理科教育にかかわる人々や、学校図書館・自然系博物館などの施設に必備の1冊。

前日赤看護大 山崎　昶監訳
森　幸恵・お茶の水大 宮本惠子訳

ペンギン 化 学 辞 典

14081-1　C3543　　A 5 判 664頁 本体6700円

定評あるペンギンの辞典シリーズの一冊"Chemistry (Third Edition)"(2003年)の完訳版。サイエンス系のすべての学生だけでなく、日常業務で化学用語に出会う社会人(翻訳家、特許関連者など)に理想的な情報源を供する。近年の生化学や固体化学、物理学の進展も反映。包括的かつコンパクトに8600項目を収録。特色は①全分野(原子吸光分析から両性イオンまで)を網羅、②元素、化合物その他の物質の簡潔な記載、③重要なプロセスも収載、④巻末に農薬一覧など付録を収録。

前日赤看護大 山崎　昶監訳　宮本惠子訳
図説科学の百科事典 4

化 学 の 世 界

10624-4　C3340　　A 4 変判 180頁 本体6500円

現代の日常生活に身近な化学の基礎知識を、さまざまなトピックをとおしてわかりやすく解説する。〔内容〕原子と分子／化学反応／有機化学／ポリマーとプラスチック／生命の化学／化学と色／化学分析／化学用語解説・資料

前千葉大 小熊幸一・前愛工大 酒井忠雄編著

基 礎 分 析 化 学

14102-3　C3043　　A 5 判 208頁 本体3000円

初学者を対象とする教科書。湿式化学分析と機器分析とのバランスに配慮し、生物学的分析にも触れる。〔内容〕容量分析／重量分析／液―液抽出／固相抽出／クロマトグラフィーと電気泳動／光分析／電気化学分析／生物学的分析

日本分析化学会編

分析化学実験の単位操作法

14063-7　C3043　　B 5 判 292頁 本体4800円

研究上や学生実習上、重要かつ基本的な実験操作について、〔概説〕〔機器・器具〕〔操作〕〔解説〕等の項目毎に平易・実用的に解説。〔主内容〕てんびん／測容器の取り扱い／濾過／沈殿／抽出／滴定法／容器の洗浄／試料採取・溶解／機器分析／他

前日赤看護大 山崎　昶著
やさしい化学30講シリーズ1

溶 液 と 濃 度 30 講

14671-4　C3343　　A 5 判 176頁 本体2600円

化学、生命系学科において、今までわかりにくかったことが、本シリーズで納得・理解できる。〔内容〕溶液とは濃度とは／いろいろな濃度表現／モル、当量とは／溶液の調整／水素イオン濃度、pH／酸とアルカリ／Tea Time／他

前日赤看護大 山崎　昶著
やさしい化学30講シリーズ2

酸 化 と 還 元 30 講

14672-1　C3343　　A 5 判 164頁 本体2600円

大学でつまずきやすい化学の基礎をやさしく解説。各講末には楽しいコラムも掲載。〔内容〕「酸化」「還元」とは何か／電子のやりとり／酸化還元滴定／身近な酸化剤・還元剤／工業・化学・生命分野における酸化・還元反応／Tea Time／他

前日赤看護大 山崎　昶著
やさしい化学30講シリーズ3

酸 と 塩 基 30 講

14673-8　C3343　　A 5 判 152頁 本体2500円

大学でつまずきやすい化学の基礎をやさしく解説。各講末にはコラムも掲載。〔内容〕酸素・水素の発見／酸性食品とアルカリ性食品／アレニウスの酸と塩基の定義／ブレンステッド―ローリーの酸と塩基／ハメットの酸度関数／Tea Time／他

上記価格(税別)は 2016 年 2 月現在